Heart Warming Life Series

FU-KO basics.

Heart Warming Life Series

FU-KO basics.

FU-KO basics.

自然風女子的日常手作衣著

美濃羽まゆみ

目 錄

兒童款

兒童款

兒童款

大人款的模特兒身高162cm，穿著M尺寸。
兒童款的女童身高114cm，穿著110尺寸；
男童身高75cm，穿著80尺寸。

兒童款

船形領針織衫

P.22

HOW TO MAKE P.70

開襟連身裙

P.24

HOW TO MAKE P.38

褶襉設計法國袖罩衫

打褶褲

P.26

HOW TO MAKE P.72（罩衫）

P.74（褲子）

兒童款

開襟連身裙（短袖）

P.28

HOW TO MAKE P.38

披肩風背心

寬褲

P.30

HOW TO MAKE P.76（披肩風背心）

P.78（褲子）

肩部抓皺開襟衫

P.32

HOW TO MAKE P.51

寬鬆罩衫（不同布料）

P.33

HOW TO MAKE P.67

直筒裙（不同布料）

P.34

HOW TO MAKE P.52

寬褲（不同布料）

P.35

HOW TO MAKE P.78

[A 字 連 身 裙]

乍看是一件十分簡約的連身裙,
其實細節藏在簡潔的肩線、
大小剛好的領圍、讓手臂顯瘦的七分袖中。
簡單的造型,若使用圖案布
更能突顯存在感,
素色布則能展現布料間的微妙差異。

HOW TO MAKE P.44

原寸紙型 1 面【1】

布料提供 MUDDY WORKS 2tone（HOME CRAFT）

［垂墜口袋連身裙］

從衣身的脇邊作出口袋，
作法簡單、帶點個性的繭形連身裙。
使用彈性布料，讓口袋的形狀更加立體。

HOW TO MAKE　P.46

原寸紙型2面【7】

布料提供　亞麻綠 淺米褐色（亞麻屋）

[肩部抓皺連身裙]

低調的立領,
結合優雅包覆肩部的滿滿細褶。
領子內側以手縫製作。
手作服雖然比較費工,但一針一線縫合出的
肌膚舒適觸感,一穿就會愛上。

HOW TO MAKE P.48

原寸紙型 3 面【12】(大人款)
原寸紙型 2 面【8】(兒童款)

將釦子打開可當成開襟衫,或在腰間繫上細皮帶,可增添俐落感。

布料提供 大人款／立陶宛亞麻 薄 白色(中商事)

［直筒裙］

稍為合身的剪裁,讓下半身顯得更修長。
因為背後有開叉設計,
也可以帥氣地騎腳踏車喔(笑)!
建議使用略厚且有彈性的布料來製作。

HOW TO MAKE　P.52

原寸紙型 4 面【16】

布料提供　亞麻牛津布 armywork 橄欖綠(亞麻屋)

［ 杜 耳 曼 袖 針 織 棉 上 衣 ］

寬鬆的杜耳曼袖，
搭配弧狀下襬，散發柔雅氛圍，
又能舒爽愜意地穿出自我。
將針織棉布斜向使用，更多了幾分個性美。

HOW TO MAKE　P.58

原寸紙型 1 面【2】

［比翼式門襟短衫］

前衣身的門襟重疊，將釦子藏了起來。
袖口裝飾上袖口布形成呼應。
以清新的直條紋與不會太甜美的色調，
營造合身、略微中性的感覺，讓人很想擁有一件呢！

HOW TO MAKE P.60

原寸紙型 3 面【14】

布料提供 Original Half Linen 直條紋（CHECK&STRIPE）

［鬆 緊 帶 式 休 閒 連 身 裙 ］
［內 搭 褲 ］

針織材質的連身裙，
很適合在想悠閒度過一天時穿著。
後衣身的下襬比較長，而腰間的
鬆緊帶營造出沒有束縛的合身感。
搭配的內搭褲只需縫合前後褲片，一下子就能作好了。

HOW TO MAKE　P.62（連身裙）・P.55（內搭褲）

原寸紙型4面【17】（連身裙）
原寸紙型1面【3】（內搭褲）

［ 長 裙 （ 大人款 ）］
［ 過 膝 裙 （ 兒童款 ）］

直線裁剪的裙子，具有些許分量感。
利用腰間的皺褶穿出線條美，而不會顯得太呆板。
大人款的裙長到腳踝，
兒童款為了好活動，長度過膝即可。

HOW TO MAKE   P.64

原寸紙型1面【A】（大人款）
原寸紙型3面【a】（兒童款）
※都只有附口袋的紙型。

19

布料提供　兒童款／亞麻橫條紋 原色（亞麻屋）

[寬 鬆 罩 衫]

直線裁剪的衣身，
展現寬鬆線條。
自然垂墜的側邊與和緩的落肩款式，
穿起來舒適又自在。
兒童款的後領口有開口，方便穿脫。

HOW TO MAKE P.67

原寸紙型2面【9】 （大人款）
原寸紙型2面【10】 （兒童款）

布料提供　大人款／亞麻粗棉 淺藍色（亞麻屋）

22

與 P.34 的直筒裙一同穿搭。

［ 船 形 領 針 織 衫 ］

我 很 喜 歡 的 船 形 領 針 織 衫 ，
因 為 是 經 典 款 式 ， 所 以 有 一 些 講 究 。
像 是 肩 部 剪 接 、 衣 身 長 度 、 微 微 後 仰 的 整 體 線 條 ，
都 是 好 穿 又 不 失 俏 麗 的 設 計 重 點 。

HOW TO MAKE P.70

原 寸 紙 型 2 面 【11】

［ 開 襟 連 身 裙 ］

在前剪接剪一個大大的切口，再反摺成翻領的樣子。
搭配裙身的褶子，散發典雅氣質。
小女孩穿起來有大人味，大人穿時反倒有幾分可愛感。

HOW TO MAKE　P.38（附圖片的作法解說）

原寸紙型1面【4】・【A】（大人款）
原寸紙型3面【15】・【a】（兒童款）

布料提供　兒童款／亞麻×素色（赭金色）×嗶嘰布（fab-fabric）

[褶襇設計法國袖罩衫]
[打褶褲]

寬鬆的衣身．藉由領圍褶襇
展現簡潔流暢感。
寬鬆的輪廓．適合春夏季穿著。
打褶褲背後的剪接式口袋，
是亮點所在。完成後再燙出褲子中線。

HOW TO MAKE P.72（上衣）．P.74（褲子）

原寸紙型4面【18】（上衣）
原寸紙型4面【19】（褲子）

布料提供　亞麻棉 10號帆布 原色（布もよう）

開 襟 連 身 裙（短袖）

款式和P.24相同，
但沒有另外加上袖子布。
因為採落肩設計，穿起來很像法國袖。
寬寬鬆鬆的，在冬天穿著時可以加上內搭，
一年四季就都能派上用場了！

HOW TO MAKE　P.38（附圖片的作法解說）

原寸紙型1面【5】‧【A】

布料提供　大人款披肩風背心／亞麻先染巴厘紗紗水洗布　木炭色（布もよう）　寬褲／PREMIERE LINEN棉麻青年布 米白（中商事）
兒童款披肩風背心／亞麻先染巴厘紗水洗布 玫瑰色（布もよう）

[披 肩 風 背 心]
[寬 褲]

由長方形的布片縫接而成，
穿起來就像披肩般的背心款式。
自然形成的縱向線條，也具有顯瘦效果。
寬褲從身體最寬處的臀部朝褲襬縮減，
有如上寬下窄的木桶。
造型有趣，作法也很簡單。

HOW TO MAKE　P.76（披肩風背心）‧P.78（褲子）

原寸紙型1面【6】（褲子）

可穿出3WAY的披肩風背心

除當成背心穿著，還可以掛在脖子當圍巾，或是單邊穿入袖洞的交叉感覺。冬天時可以使
用羊毛針織布或提花針織布製作。

［ 肩 部 抓 皺 開 襟 衫 ］

P.8的連身裙改短，再加上袖子的變化款。
八分袖的款式，一年四季都能穿。
當然也可維持連身裙的長度，加上袖子作成長袖款。

HOW TO MAKE　p.51
原寸紙型3面【13】

［寬鬆罩衫（不同布料）］

P.20的寬鬆罩衫改以羊毛布製作。
寬鬆舒適的剪裁，
很適合冬季時的多層次穿搭。

HOW TO MAKE P.67

原寸紙型2面【9】

[直 筒 裙 （不同布料）]

P.10 的直筒裙改以丹寧布製作。
搭配丹寧布專用縫線進行裝飾車縫,
讓外觀看起來更像真正的牛仔裙。

HOW TO MAKE P.52

原寸紙型4面【16】

布料提供 棉布×素色（黑色）×丹寧布 (fb-fabric)

〔 寬 褲 （不同布料）〕

將 P.30 的 寬 褲 改 成 厚 布 製 作 ，
就 變 成 更 結 實 耐 穿 的 單 品 。
並 在 脇 邊 縫 上 側 口 袋 ， 作 法 很 簡 單 。

HOW TO MAKE　P.78

原寸紙型 1 面 【6】

布料提供　Linen Original Twill 木苺色（CHECK&STRIPE）

COLUMN 盡情享受每一天的手作居家服時光

最重要的協調感

對於衣服，我並沒有太大的執著，
唯一的堅持是「穿出自己的協調感」。
這是我從以前就不曾改變的挑衣服原則。

在十多歲時的興趣是逛櫥窗，儘管沒什麼錢，但喜歡欣賞各式各樣的衣服，思考它的穿搭組合。再將該款式當成參考，購買能力所及的衣服，改造成適合自己的樣式，像是修改長度、更換釦子，或嘗試染色等。大學時還曾經將「半纏」（日式短外套）改造成一般外套來穿，現在想起仍會覺得難為情得想笑，可是對於打扮自己，卻是樂此不疲的一件事。

探尋理想的一件衣服

到了二十多歲，有工作後手頭寬裕了，可以隨興購買自己喜歡的東西，衣服的量就此不斷增加，直到被一句話給打醒了。

「妳老是在買條紋類的衣服！」

仔細一看，衣櫥裡類似的衣服果真堆積如山。明明是依自己的原則挑選的衣服，卻又因為尺寸有點不合、質感有差、顏色不太能接受等理由，而不知不覺將它們束之高閣。那時我才察覺，我是因為沒遇見「理想中的衣服」，才會不斷購買相似的衣服。當時對於丟置一旁的衣服所湧現的愧疚感，至今仍記憶猶新。接下來我下定決心將衣櫥好好整理一番，除了真心喜歡的衣服之外，其餘的都分送給朋友等，接著就開始探尋「理想中的那件衣服」。

經常將手邊的衣服進行不同的搭配，如此一來，不但穿著時可以確認它的協調感，若事先拍下來，在製作新衣服或買新衣服時，也會有很大的幫助。

設計上以簡單為主，質感好是第一要求。結果發現它們既耐穿，又讓人愛不釋手。

大人也想穿的童裝

二十五歲之後結婚，三十歲開始養育兒女。有了孩子，生活充滿起伏，我的裝扮逐漸轉向實用與簡單。真正縫製大人服則是在為長女作衣服後不久。簡單又能保有孩子的可愛感，是我製作童裝時的概念，之後因收到許多「有沒有親子裝？」、「大人也很想穿穿看耶！」的回應才開始製作大人服。年輕時以裝飾自己為目的，等過了三十歲後，「質感佳、耐穿」、「適合居家穿著」，希望修改後仍可再穿的、或真正適合自己的基本款，才開始變成我想要的服裝。

將好品質融入日常生活

我作的衣服非常簡單。只要更換搭配的小配件，就能呈現季節感，將穿的時間拉長。布料是選擇可以看見製作者堅持的優質產品。只不過，基本上仍以一般家庭日常就能清理保養、越洗越有味道的素材為主。構思款式，選用自己喜歡的布，享受一針一線縫製、穿在身上的喜悅。完成一件滿意的衣服，是再多的成衣都無法比擬的。因為是常穿的居家服，當然會弄髒，但是清洗後，明天又迫不及待地想穿上它。生活中有這樣的一件衣服，每天都會覺得很開心。就算在忙碌的日子中，也想要過得有品味一點，出現了這樣不可思議的心情。

雖然住在屋齡90年的町家，還是會花時間挑選，慢慢添購品質好的物品。即使經過歲月洗禮也不會變舊，而是更有味道的物品最讓人喜歡。

節約的心

京都方言「しまつ」意指物盡其用，也就是節省的意思。
不同於要使用多少布都精算得剛剛好的成衣，手作服配合紙型，裁剪時會留下多餘的布片，這點是比較可惜的。既然如此，就不妨貫徹物盡其用的節儉精神，利用裁完裙片的方形碎布製作三角袋，或將斜布條用剩的三角形布片作成孩子們的披巾、領圍裁下的圓形碎布則變身隔熱手套。因為是品質優良的亞麻或棉布，一定可以在廚房等家事中好好地發揮功能。

領圍裁下的圓弧狀碎布。

作成隔熱手套。

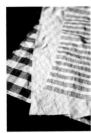
方形碎布。

變身三角袋。

成為竹籃的內袋。

用來裝便當。

也可當外出袋。

大大活躍於廚房。

三角袋與隔熱手套的作法請參照P.56。

LESSON 一起來作開襟連身裙

photo P.24・P.28（短袖）

大人款
原寸紙型1面【4】・【A】
原寸紙型1面【5】・【A】（短袖）

兒童款
原寸紙型3面【15】・【a】

※材料、裁布圖與完成尺寸在P.57。

※為方便理解，布料與縫線刻意使用與作品不同的顏色。

① 車縫衣身&貼邊

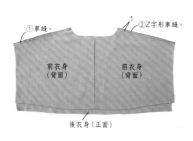

1　前衣身與後衣身正面相疊，在縫份1cm處車縫肩線。縫份兩片一起進行Z字形車縫。

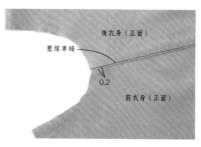

2　衣身的縫份倒向後衣身側，從正面壓線車縫。

3　前貼邊與後貼邊正面相對疊合，在縫份1cm處車縫肩線。縫份兩片一起進行Z字形車縫，倒向前側。

4　在貼邊外圍四周進行Z字形車縫。

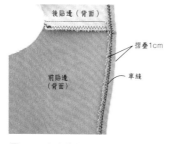

5　沿完成線摺疊縫份車縫。彎弧處以熨斗小心壓燙，避免出現皺褶。

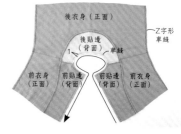

6　衣身與貼邊正面相對疊合，車縫前端、領圍、前端。兩脇進行Z字形車縫。

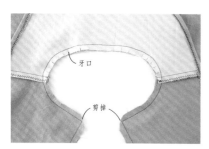

7　剪去前端兩個角的多餘縫份。在領圍縫份處剪牙口。

8　貼邊翻回正面。縫份倒向後貼邊側，僅後貼邊壓線車縫，但稍微與左右兩側的前貼邊縫合。

② 接縫袖子　短袖款參照P.40

1　除袖口之外，其餘縫份進行Z字形車縫。

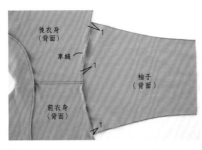

2　衣身與袖子正面相疊，在縫份1cm處車縫袖襱的合印記號之間。縫份倒向衣身側。

3　袖子正面相對疊合，在縫份1cm處車縫袖下至合印記號，避開衣身脇邊的縫份。

③ 車縫衣身的開口

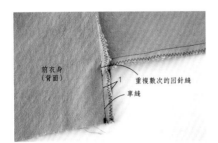

4　袖襱的縫份倒向袖側，前衣身與後衣身正面相疊，在縫份1cm處從接縫袖子的位置車縫到下端的脇邊。

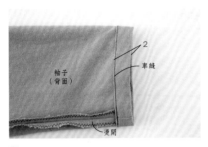

5　燙開袖下與脇邊的縫份，袖口依1cm→2cm的順序三摺邊車縫。

1　前衣身的前中心正面相疊，避開縫份。

④ 車縫裙片

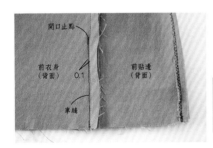

2　在距離前衣身與前貼邊縫合線的前衣身側0.1cm處，車縫至開口止點。將貼邊翻回正面。

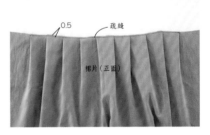

1　摺疊前・後裙片的褶子，疏縫固定。

⑤ 接縫口袋

2　前・後裙片的兩脇縫份各自進行Z字形車縫，在縫份1cm處正面相對車縫兩脇。預留口袋口不縫。燙開縫份。

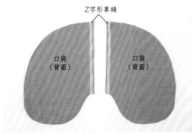

1　在口袋口貼上止伸襯布條，縫份進行Z字形車縫。

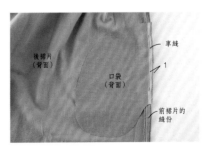

2　前裙片與口袋布對齊口袋口完成線車縫。

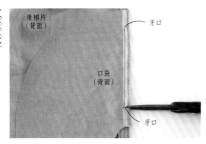

3 僅口袋布的縫份在口袋口的上下剪牙口。注意不要剪到裙片的縫份。

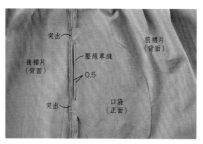

4 口袋倒向前裙片側，在口袋口壓線車縫。剪了牙口的縫份突出於後裙片側。

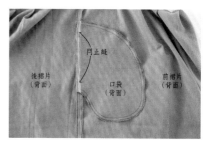

5 與之前縫上的口袋布正面相對，將另一片口袋布的口袋口完成線，與後裙片的口袋口完成線重疊。

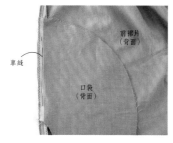

6 車縫口袋口的完成線。

7 在縫份1cm處車縫口袋布的四周。縫份兩片一起進行Z字形車縫。

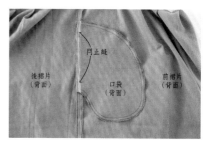

8 口袋倒向前裙片側，在口袋口的上下進行閂止縫（參照P.43）。相反側也依相同作法縫上口袋。

⑥ 縫合衣身與裙片

1 衣身與裙片正面相疊，在縫份1cm處車縫。縫份兩片一起進行Z字形車縫。

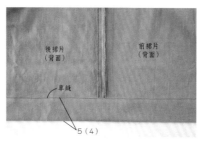

2 裙襬依1cm→5cm（兒童款則是1cm→4cm）的順序三摺邊車縫。

3 後貼邊以藏針縫固定於後衣身。

藏針縫的縫法

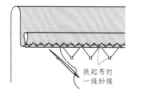

挑起布的一條紗線

完成

注意縫線不要拉得太緊。

短袖款

1 前衣身與後衣身脇邊的縫份各自進行Z字形車縫至開口止點，正面相對疊合車縫脇邊。

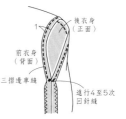

2 袖襬的縫份依1cm→1cm的順序三摺邊車縫。

HOW TO MAKE

- 書中收錄的作品尺寸，大人款為S至LL ，兒童款是80至140。對照的裸體尺寸如下表所示。
  另外也請參酌各作品在作法解說中列出的完成尺寸。
- 各作品的裁布圖，大人款以M尺寸，兒童款以110cm為範例。因為布料或尺寸不同，在配置
  及尺寸上會有所差異，請務必再行確認。
- 材料的尺寸表示為寬×長。
- 除指定處之外，文中單位皆為cm。
- 直線構成的部位未附原寸紙型，請依裁布圖的指定尺寸，直接在布料上描繪裁剪。
- 斜紋布條與鬆緊帶的尺寸為大約標準，請依實際大小調整。

[尺寸參考表]

大人

	S	M	L	LL
身高	153至160		160至165	
胸圍	79	83	87	91
腰圍	63	67	71	75
臀圍	86	90	94	98

兒童

	80	90	100	110	120	130	140
身高	75至85	85至95	95至105	105至115	115至125	125至135	135至145
胸圍	50	52	54	56	60	64	68
腰圍	44	46	48	50	52	54	56
臀圍	50	53	57	60	65	70	75

縫 製 須 知

1 關 於 布 料

除了依作法解說中的材料準備布料之外，另外還列出了其他適合的布料提供參考。剛買回來的布，有的布紋歪斜，有的洗後會縮水，所以在裁剪前要先經過下水與整理布紋的程序。但如果是特殊布料，請事先向業者確認。

布片依圖示摺疊，放入水中浸泡約一小時，輕輕擰去水分，整理布紋，再進行陰乾。若是針織布，則以手輕壓出水分，平放陰乾。

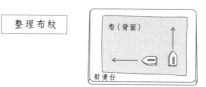

將布紋整理成直角後，沿著布紋以熨斗熨燙。針織布要注意不要拉扯以免變形。

2 關 於 紙 型

- 各作品的原寸紙型交疊印在附錄的紙上。先確認好作法解說中的所需部位後，再以描圖紙等透明紙張描下圖形使用。
- 原寸紙型未含縫份，請參照裁布圖，加上指定的縫份。
- 直線構成的部位未附紙型，請依裁布圖的指定尺寸，直接在布料上描繪裁剪。

紙 型 上 的 記 號 意 義

布紋線 對齊與布邊平行的直布紋。

摺雙線 將這條線放在布的對摺處，裁剪出左右對稱的部位。

貼邊線 代表貼邊的位置與形狀的線。

合印記號 用來對齊其他部位的記號。

抽細褶 製作細褶的位置。

褶子 由斜線高的一方朝低的一方摺疊。

3 布 & 針 線 的 關 係

使用適合布料的針與線，可以讓成品變得更漂亮。

布的種類	薄布 細麻布・薄紗等	一般布 粗棉布・亞麻・斜紋布等	厚布 丹寧布・羊毛布等
針	9號車縫針	11號車縫針	13號車縫針
線	90號車縫線	60號車縫線	30號車縫線

縫 製 針 織 布 時

有伸縮性的針織布，要使用尼龍製的專用線與圓針尖的專用針，以避免裁斷布的織線。

4 紙型的作法

複寫紙型

①找出想要製作的作品紙型，在彎角等位置標上醒目的顏色。

②在紙型放上描圖紙等透明紙張，以尺描線。

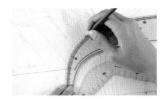

③曲線部分改用曲線尺會很方便。

④記得標註部位名稱、橫直布紋及合印記號。

加上縫份

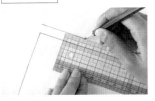

①縫份的尺寸請參照裁布圖，使用方格尺比較方便作業。

②曲線部分，一邊以直角測量縫份的寬度一邊加上印記。

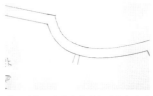

③以曲線尺將②所作的記號整齊連成線。

④沿縫份線剪下就完成加上縫份的紙型。

加上縫份的重點

袖口：袖口兩端加上的縫份留多一點，以免縫份不足。

下襬：下襬兩端加上的縫份留少一點，以免縫份太厚。

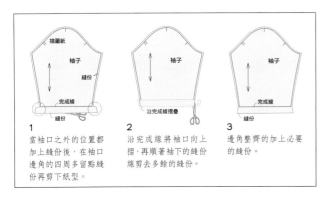

1 當袖口之外的位置都加上縫份後，在袖口邊角的四周多留點縫份再剪下紙型。

2 沿完成線將袖口向上摺，再順著袖下的縫份線剪去多餘的縫份。

3 邊角整齊的加上必要的縫份。

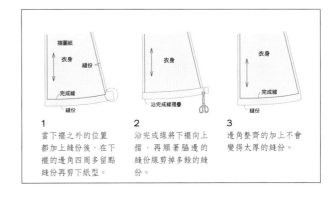

1 當下襬之外的位置都加上縫份後，在下襬的邊角四周多留點縫份再剪下紙型。

2 沿完成線將下襬向上摺，再順著脇邊的縫份線剪掉多餘的縫份。

3 邊角整齊的加上不會變得太厚的縫份。

5 斜紋布條的作法

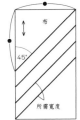 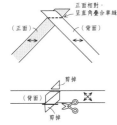

斜紋布條是指與布紋呈45°裁剪的布。裁下後再依所需長度接縫使用。

★可使用滾邊器輕鬆作出斜紋布條。

滾邊器
可製作6mm、12mm、18mm、25mm、50mm寬的布條。

6 開鈕洞的方法

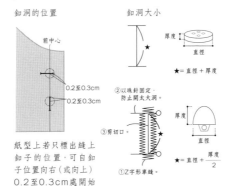

紙型上若只標出縫上鈕子的位置，可自鈕子位置向右（或向上）0.2至0.3cm處開始開洞。

7 閂止縫的縫法

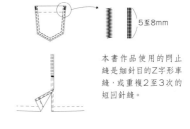

5至8mm

本書作品使用的閂止縫是細針目的Z字形車縫，或重複2至3次的短回針縫。

口袋及開口止點等容易裂開的位置，可進行閂止縫加以補強。若使用有顏色的車縫線，還能發揮點綴效果。

A字連身裙　photo P.4

完成尺寸（S/M/L/LL）
胸圍 96/100/104/108cm
總長 88/90/93/95cm

材料（通用）
・muddy works 2tone 海軍藍
　110cm寬×300cm
・1cm寬的止伸襯布條70cm

原寸紙型1面【1】
1-前衣身・2-後衣身、
3-袖子・【A】通用口袋

適用布料
亞麻帆布・棉麻帆布・牛津
布・絨面呢・薄至中厚的羊
毛布・斜紋布・薄丹寧布・
燈芯絨

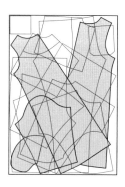

製作順序

❶請參考裁布圖裁剪布料

❷車縫肩線
❸處理領圍
❹接縫袖子
❺車縫袖下至脇邊
❻接縫口袋（參照P.65）
❼處理袖口與下襬

❷車縫肩線

①前衣身與後衣身正面相對疊合，車縫肩線。

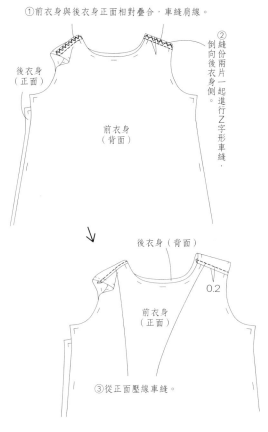

②縫份兩片一起倒向後衣身側，進行Z字形車縫。

後衣身（正面）
前衣身（背面）

後衣身（背面）
前衣身（正面）
0.2

③從正面壓線車縫。

裁布圖
muddy works 2tone 海軍藍

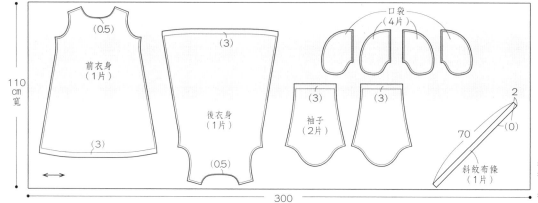

前衣身（1片）（0.5）（3）

後衣身（1片）（3）（0.5）

口袋（4片）

袖子（2片）（3）

（3）

斜紋布條（1片）70　2（0）

110cm寬

300

＊裁布圖示範的是M尺寸。
＊（　）內的數字為縫份。
除指定處之外，縫份皆為1cm。
＊▨為貼上止伸襯布條。

❸處理領圍

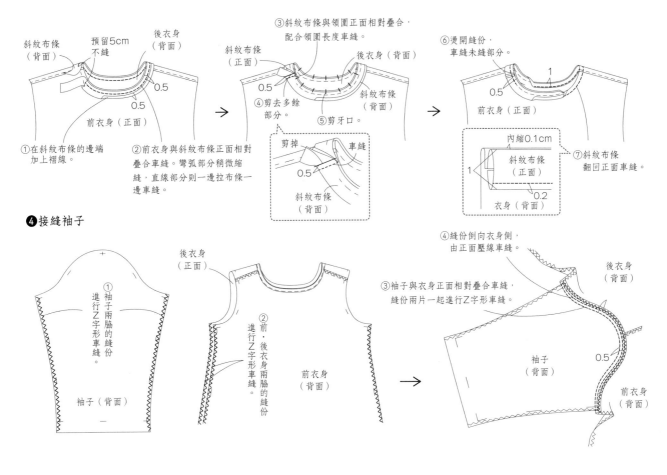

斜紋布條
（背面）
預留5cm
不縫
後衣身
（背面）
0.5
0.5
前衣身（正面）

①在斜紋布條的邊端
加上褶線。

②前衣身與斜紋布條正面相對
疊合車縫。彎弧部分稍微縮
縫，直線部分則一邊拉布條一
邊車縫。

③斜紋布條與領圍正面相對疊合，
配合領圍長度車縫。

斜紋布條
（正面）
後衣身（背面）
0.5
斜紋布條
（背面）
④剪去多餘
部分。
⑤剪牙口。

剪掉
車縫
0.5
斜紋布條
（背面）

⑥燙開縫份，
車縫未縫部分。
1
0.5
前衣身（正面）

內縮0.1cm
斜紋布條
（正面）
1
衣身（背面）
0.2

⑦斜紋布條
翻回正面車縫。

❹接縫袖子

①袖子兩脇的縫份
進行Z字形車縫。

袖子（背面）

後衣身（正面）
②前・後衣身兩脇的縫份
進行Z字形車縫。

前衣身（背面）

④縫份倒向衣身側，
由正面壓線車縫。

③袖子與衣身正面相對疊合車縫，
縫份兩片一起進行Z字形車縫。

後衣身（背面）

袖子（背面）
0.5
前衣身（背面）

❺車縫袖下至脇邊

①前・後衣身正面相對疊合，
自袖下車縫至脇邊
（預留口袋口不縫）。

後衣身
（正面）

袖子
（背面）

前衣身
（背面）

口袋口
②燙開縫份。
1

❻接縫口袋（參照P.65）

接縫口袋的方法請參照P.65。

❼處理袖口與下襬

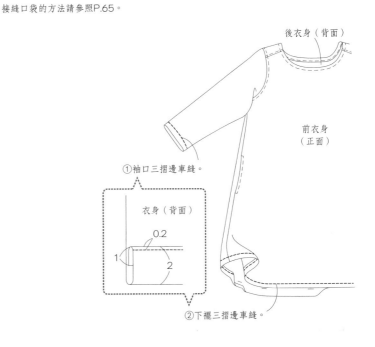

後衣身（背面）

前衣身
（正面）

①袖口三摺邊車縫。

衣身（背面）
0.2
1
2

②下襬三摺邊車縫。

垂墜口袋連身裙　photo P.6

1-前衣身・2-續前衣身・
3-後衣身・4-續後衣身・
5-袖子

完成尺寸（S/M/L/LL）
胸圍 105/109/113/118cm
總長 98/100/102/104cm

材料（S/M/L/LL）
・亞麻絲混紡 淺米褐色（亞麻屋）
　110cm寬×310/320/330/330cm

適用布料
亞麻帆布・棉麻帆布・牛津
布・絨面呢・薄至中厚的羊
毛布・斜紋布等

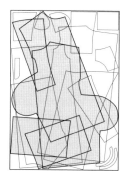

裁布圖
亞麻絲混紡
淺米褐色

摺雙

（0.5）
前衣身
（1片）
（1.5）
＊連接紙型後
　再使用
（3）

（0.5）
後衣身
（1片）
（1.5）
＊連接紙型後
　再使用
（3）

310
320
330
330

袖子
（2片）
（3）

2
70
（0）
斜紋布條
（1片）

110cm寬

＊由上至下為S/M/L/LL尺寸。
＊（　）內的數字為縫份。
　除指定處之外，縫份皆為1cm。

製作順序

❶請參考裁布圖剪布料

❸車縫領圍

❹接縫袖子

❷車縫肩線

❺車縫袖下至脇邊

❻處理袖口與下襬

❷車縫肩線

①前衣身與後衣身正面相對疊合，車縫肩線。

②縫份兩片一起
　進行Z字形車縫，
　倒向後衣身側。

後衣身
（正面）

前衣身
（背面）

③由正面壓線車縫。

0.2

後衣身
（背面）

前衣身
（正面）

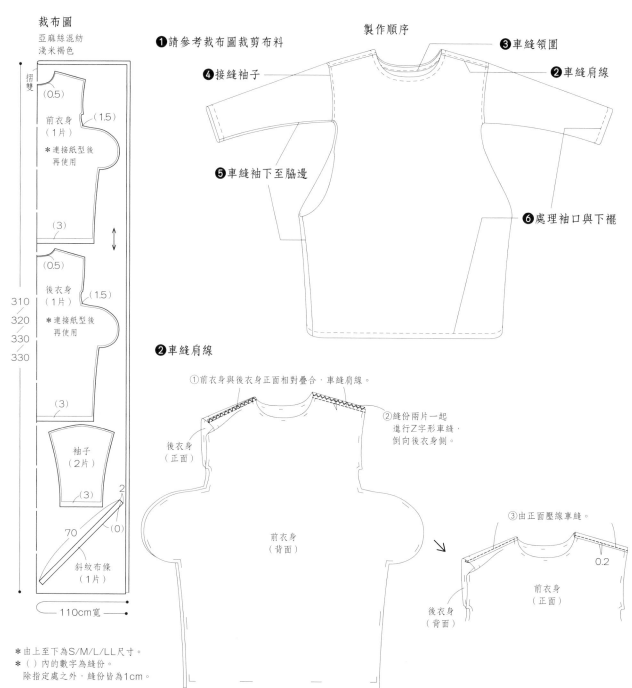

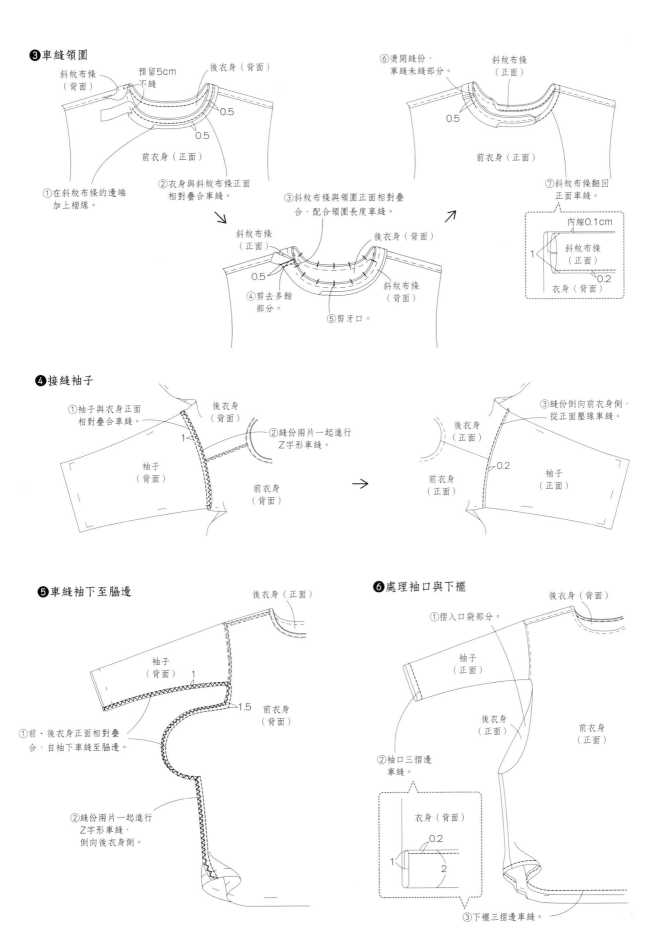

❸車縫領圍

斜紋布條
（背面）
預留5cm
不縫
後衣身（背面）

0.5
0.5

前衣身（正面）

①在斜紋布條的邊端
加上褶線。

②衣身與斜紋布條正面
相對疊合車縫。

③斜紋布條與領圍正面相對疊
合，配合領圍長度車縫。

斜紋布條
（正面）
後衣身（背面）

0.5

斜紋布條
（背面）

④剪去多餘
部分。

⑤剪牙口。

⑥燙開縫份，
車縫未縫部分。

斜紋布條
（正面）

0.5

前衣身（正面）

⑦斜紋布條翻回
正面車縫。

內縮0.1cm

1
斜紋布條
（正面）

衣身（背面）
0.2

❹接縫袖子

①袖子與衣身正面
相對疊合車縫。

後衣身
（背面）

1

袖子
（背面）

②縫份兩片一起進行
Z字形車縫。

前衣身
（背面）

③縫份倒向前衣身側，
從正面壓線車縫。

後衣身
（正面）

前衣身
（正面）
0.2

袖子
（正面）

❺車縫袖下至脇邊

後衣身（正面）

袖子
（背面）
1

1.5
前衣身
（背面）

①前・後衣身正面相對疊
合，自袖下車縫至脇邊。

②縫份兩片一起進行
Z字形車縫，
倒向後衣身側。

❻處理袖口與下襬

後衣身（背面）

①摺入口袋部分。

袖子
（正面）

後衣身
（正面）

前衣身
（正面）

②袖口三摺邊
車縫。

衣身（背面）
0.2
1
2

③下襬三摺邊車縫。

肩部抓皺連身裙　photo P.8

完成尺寸
大人款（S/M/L/LL）
　胸圍180/188/207/207cm
　總長109/111/114/116cm
兒童款（80/90/100/110/120/130/140）
　胸圍114/120/125/130/138/146/154cm
　總長50/57/64/71/77/83/89cm

材料
大人款（S/M/L/LL）
　·立陶宛亞麻 薄 亞麻 白色（中商事）
　150cm寬×240/250/260/270cm
　·直徑1cm的釦子10個
　·黏著襯40×20cm
兒童款（80/90/100/110/120/130/140）
　·棉質青年布 灰色
　150cm寬×130/140/150/160/170/180/190cm
　·直徑1cm的釦子6個（80、90）/7個（100～140）
　·黏著襯25×15cm

裁布圖
大人款／立陶宛亞麻 薄 白色

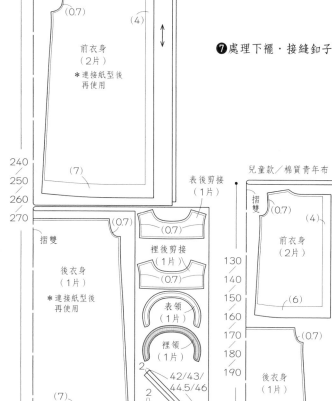

兒童款／棉質青年布 灰色

（大人款）原寸紙型3面【12】（兒童款）原寸紙型2面【8】
1-前衣身·2-後剪接·3-後衣身·　　1-前衣身·2-後剪接·
4-領子·5-續前衣身·6-續後衣身　　3-後衣身·4-領子

適用布料 細麻布·印度泡泡紗（seersucker）·提花布·薄帆布·薄絨面呢

製作順序
❶請參考裁布圖裁剪布料
❸縫合衣身與剪接
❹製作領子後接縫
❻處理袖襱
❺車縫兩脇
❷製作布環
❼處理下襬·接縫釦子

大人款 前面
後面

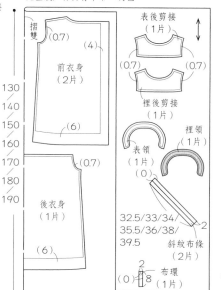

兒童款

※兒童款的作法和大人款相同，
　尺寸請參照（　）內的數字。

＊由上至下為S/M/L/LL尺寸。
　（80/90/100/110/120/130/140）
＊（　）內的數字為縫份。除指定處之外，縫份皆為1cm。
＊ ▨ 為貼上黏著襯。

❷製作布環

①布環依圖示摺疊,車縫中央。

摺雙

0.5　　布環(正面)

→

②布環放置於表後剪接上疏縫固定。

0.5

表後剪接
(正面)

0.5

❸縫合衣身與剪接

①前端三摺邊車縫。

②在領圍與肩線車縫兩道粗針目縫線。

0.7
1.2

2

右前衣身
(背面)

0.2

2

右前衣身
(背面)

0.7
1.2

③在後衣身車縫兩道粗針目縫線。

後衣身
(背面)

※左前衣身的作法相同。

④抽拉粗針目的縫線,
在領圍與肩部抽細褶,
與表後剪接的肩線正面相對疊合車縫。

⑦抽拉粗針目的縫線,
在後衣身抽細褶,
與表後剪接正面相對疊合車縫。

後衣身(背面)

表後剪接
(正面)

0.9

1

⑤裡後剪接疊至前衣身車縫。

裡後剪接
(背面)

左前衣身
(背面)

右前衣身
(背面)

→

表後剪接
(背面)

1

裡後剪接
(正面)

0.5

⑧沿完成線摺疊裡後剪接的縫份後疏縫。

⑥翻回正面。

左前衣身
(背面)

右前衣身
(背面)

↓

後衣身
(正面)

0.2

表後剪接
(正面)

0.2

0.2

⑨自正面車縫,拆掉粗針目的縫線。

右前衣身
(正面)

左前衣身
(正面)

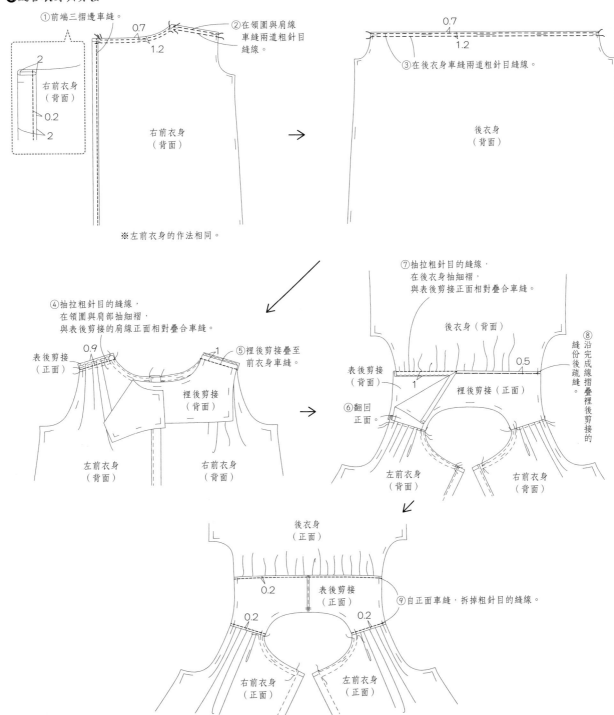

❹ 製作領子後接縫

❶ 請參考裁布圖裁剪布料

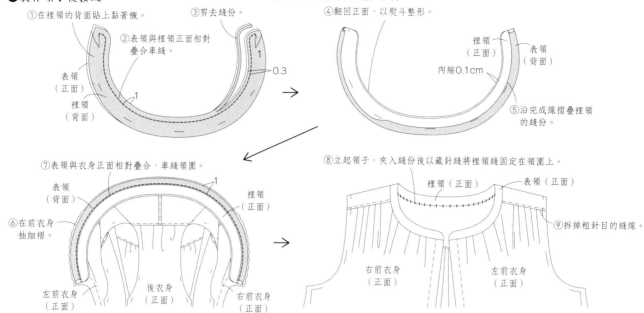

①在裡領的背面貼上黏著襯。

②表領與裡領正面相對疊合車縫。

③剪去縫份。

0.3

表領（正面）

裡領（背面）

④翻回正面，以熨斗整形。

裡領（正面）

表領（背面）

內縮0.1cm

⑤沿完成線摺疊裡領的縫份。

⑦表領與衣身正面相對疊合，車縫領圍。

表領（背面）

裡領（正面）

⑥在前衣身抽細褶。

左前衣身（正面）

後衣身（正面）

右前衣身（正面）

⑧立起領子，夾入縫份後以藏針縫將裡領縫固定在領圍上。

裡領（正面）

表領（正面）

右前衣身（正面）

左前衣身（正面）

⑨拆掉粗針目的縫線。

❺ 車縫兩脇

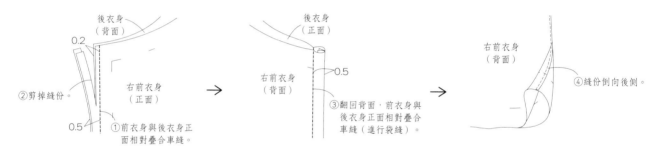

0.2

②剪掉縫份。

0.5

①前衣身與後衣身正面相對疊合車縫。

右前衣身（正面）

後衣身（背面）

後衣身（正面）

右前衣身（背面）

0.5

③翻回背面，前衣身與後衣身正面相對疊合車縫（進行袋縫）。

右前衣身（背面）

④縫份倒向後側。

❻ 整理袖襱

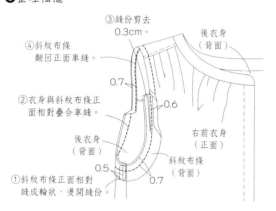

③縫份剪去0.3cm。

後衣身（背面）

④斜紋布條翻回正面車縫。

0.7

②衣身與斜紋布條正面相對疊合車縫。

0.6

後衣身（背面）

右前衣身（正面）

0.5

斜紋布條（背面）

①斜紋布條正面相對縫成輪狀，燙開縫份。

0.7

兒童款連身裙的釦子位置
（從領子的釦子位置等間距的縫上）

尺寸	80	90	100	110	120	130	140
間隔(cm)	6.5	7	7	8	8.5	9	9.5
個數	6	6	7	7	7	7	7

❼ 處理下襬・接縫釦子

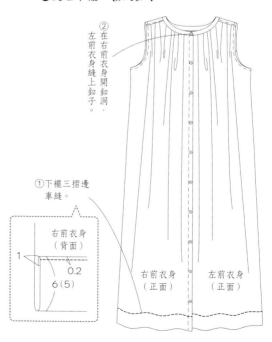

②在右前衣身開釦洞，左前衣身縫上釦子。

①下襬三摺邊車縫。

右前衣身（背面）

1

0.2

6（5）

右前衣身（正面）

左前衣身（正面）

肩部抓皺開襟衫　photo P.32

完成尺寸（S/M/L/LL）
胸圍 180/188/198/207cm
總長 66/66.5/67/67.5cm

材料（S/M/L/LL）
・比利時亞麻
　110cm寬×230/240/250/260cm
・直徑1cm的釦子6個
・黏著襯40×20cm

原寸紙型3面【13】
1-前衣身・2-後剪接・
3-後衣身・4-領子・5-袖子

適用布料
細麻布・印度泡泡紗・
提花布・薄帆布・薄絨面呢

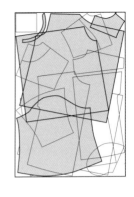

裁布圖

比利時亞麻

※（）內的數字為縫份。縫份皆為1cm。
※由左（上）起為S／M／L／LL尺寸。
※除指定處之外，縫份皆為1cm。
■為貼上黏著襯。

摺雙
前衣身（2片）
(4)
(7)

230
240
250
260

袖子（2片）

表後剪接（1片）

摺雙
後衣身（1片）

(7)

裡後剪接（1片）

表領（1片）

裡領（1片）

25/27/29/31
6
(0)

布環（1片）
袖口布（2片）
2
9
(0)

150cm寬

❶請參考裁布圖裁剪布料

❷製作布環

❸接縫衣身與剪接

❹製作領子後接縫

製作順序

❺接縫袖子，自袖下車縫至脇邊

❻處理袖口

❼處理下襬・接縫釦子

※步驟❶至❹・❼的作法參照肩部抓皺連身裙。

❺接縫袖子，自袖下車縫至脇邊

①在袖山與袖口車縫兩道粗針目縫線。

②衣身與袖子正面相對疊合，以珠針固定。

後衣身（正面）
袖子（背面）
前衣身（正面）
1.2　0.7
1.2
0.7

④縫份兩片一起進行Z字形車縫，倒向衣身側，拆掉粗針目縫線。

後衣身（背面）
前衣身（背面）
1

③對齊衣身，在袖山處抽細褶，與衣身正面相對疊合車縫。

袖子（背面）

⑤車縫袖下至脇邊（參照P.47的❺）

❻處理袖口

①在袖口抽細褶，與袖口布正面相對疊合車縫，拆掉粗針目縫線。

袖口布（背面）
袖子（正面）
1
對齊袖下與車縫線
前衣身（正面）

②沿完成線摺疊袖口布，夾入縫份後以藏針縫縫合。

袖口布（正面）
袖子（正面）
前衣身（正面）
袖口布（正面）
袖子（正面）
前衣身（正面）

如圖示摺疊袖口布，以熨斗燙壓
1　1　2

展開褶線，正面相對摺疊車縫，燙開縫份
0.5
袖口布（背面）

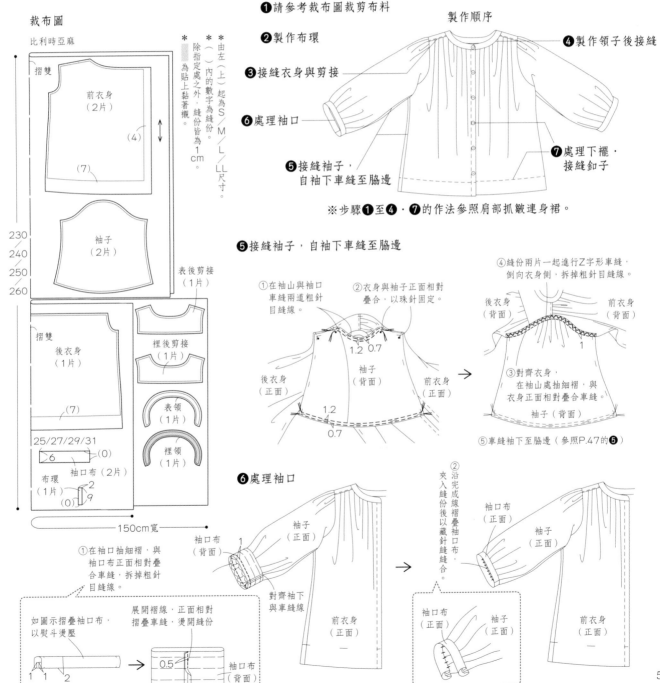

直 筒 裙　photo P.10・P.34

完成尺寸（S/M/L/LL）
臀圍 90/93/97.5/101.5cm
裙長 78.5/81.5/87.5/87.5cm

材料（S/M/L/LL）
・亞麻牛津布 armywork 橄欖綠（亞麻屋）
　110cm寬×140/150/160/170cm
・口袋用別布50×50cm
・黏著襯30×30cm
・1cm寬的止伸襯布條
・2.5cm寬的鬆緊帶75cm
　（依實際腰圍調整長度）
・直徑1.5cm的釦子1個

P.34的作品
・棉布×素色（黑色）×丹寧布（fabfabric）
　110cm寬×140/150/160/170cm
＊其他同P.10的作品

原寸紙型4面【16】
1-前裙片・2-後剪接・
3-後裙片・4-口袋向布・
5-口袋布・6-後口袋

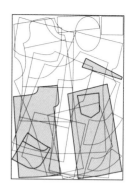

適用布料
中厚亞麻・稍厚帆布・
薄丹寧布・絲光卡其布

裁布圖

亞麻牛津布armyworks 橄欖綠
棉布×素色（黑色）×丹寧布

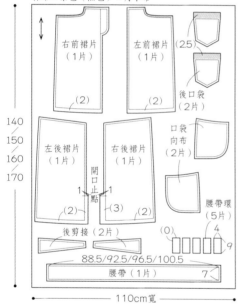

＊ 除指定處之外，縫份皆為1cm。
　　為貼上黏著襯。

＊＊（　）內的數字為縫份。
　由左（上）起為S／M／L／LL尺寸。

右前裙片（1片）（2）
左前裙片（1片）（2）（2.5）
後口袋（2片）
口袋向布（2片）
左後裙片（1片）（2）
右後裙片（1片）（3）（2）
開口止點
腰帶環（5片）（0）
後剪接（2片）
88.5/92.5/96.5/100.5
腰帶（1片）
140/150/160/170
110cm寬

別布
口袋布（2片）
50
50cm

製作順序

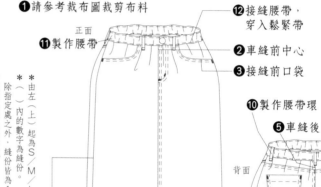

❶請參考裁布圖裁剪布料
⓬接縫腰帶，穿入鬆緊帶
⓫製作腰帶
正面
❷車縫前中心
❸接縫前口袋
❿製作腰帶環
❺車縫後剪接
背面
❽車縫脇線
❾車縫下襬
❹接縫後口袋
❼車縫後中心
❻車縫開叉

❷車縫前中心

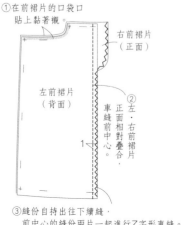

①在前裙片的口袋口貼上黏著襯。
右前裙片（正面）
左前裙片（背面）
②左・右前裙片正面相對疊合，車縫前中心。
1
③縫份自持出往下續縫，前中心的縫份兩片一起進行Z字形車縫。

❸接縫前口袋

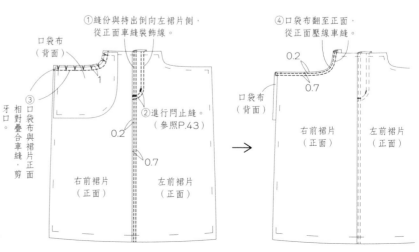

①縫份與持出倒向左裙片側，從正面車縫裝飾線。
口袋布（背面）
1
③口袋布與裙片正面相對疊合車縫，剪牙口。
②進行閂止縫。（參照P.43）
0.2
0.7
右前裙片（正面）
左前裙片（正面）

④口袋布翻至正面，從正面壓線車縫。
0.2
0.7
口袋布（背面）
右前裙片（正面）
左前裙片（正面）
→

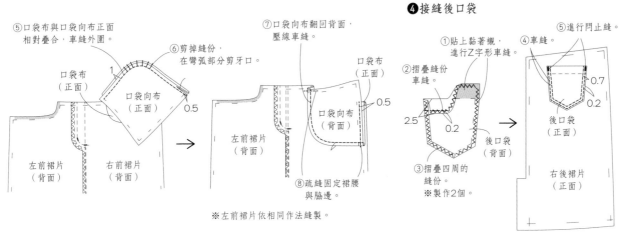

❹接縫後口袋

⑤口袋布與口袋向布正面相對疊合，車縫外圍。

⑥剪掉縫份，在彎弧部分剪牙口。

⑦口袋向布翻回背面，壓線車縫。

口袋布（正面）

口袋向布（正面）

1

0.5

左前裙片（背面）

左前裙片（背面）

右前裙片（背面）

口袋布（正面）

口袋向布（背面）

0.5

左前裙片（背面）

⑧疏縫固定裙腰與脇邊。

※左前裙片依相同作法縫製。

①貼上黏著襯，進行Z字形車縫。

②摺疊縫份車縫。

⑤進行閂止縫。

④車縫。

0.7

0.2

2.5

0.2

後口袋（正面）

後口袋（背面）

右後裙片（正面）

③摺疊四周的縫份。

※製作2個。

※依相同作法縫製左後裙片。

❺車縫後剪接

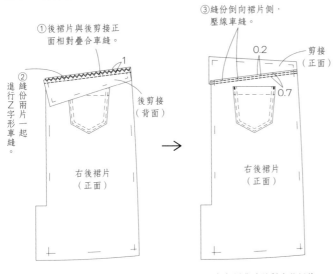

①後裙片與後剪接正面相對疊合車縫。

②縫份兩片一起進行Z字形車縫。

③縫份倒向裙片側，壓線車縫。

0.2

剪接（正面）

0.7

後剪接（背面）

右後裙片（正面）

右後裙片（正面）

1

※依相同作法縫製左後裙片。

❻車縫開叉

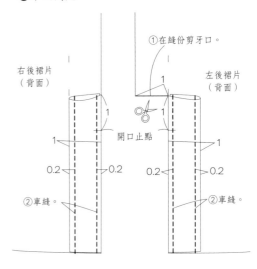

①在縫份剪牙口。

右後裙片（背面）

左後裙片（背面）

1

1

開口止點

1

1

0.2

0.2

0.2

0.2

②車縫。

②車縫。

❼車縫後中心

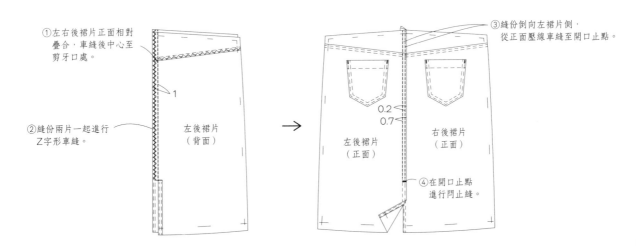

①左右後裙片正面相對疊合，車縫後中心至剪牙口處。

1

②縫份兩片一起進行Z字形車縫。

左後裙片（背面）

③縫份倒向左裙片側，從正面壓線車縫至開口止點。

0.2

0.7

左後裙片（正面）

右後裙片（正面）

④在開口止點進行閂止縫。

❽ 車縫脇線

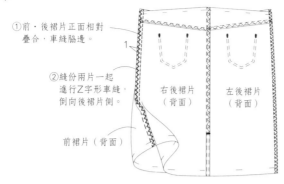

①前・後裙片正面相對疊合，車縫脇邊。

②縫份兩片一起進行Z字形車縫，倒向後裙片側。

右後裙片（背面）　左後裙片（背面）

前裙片（背面）

1

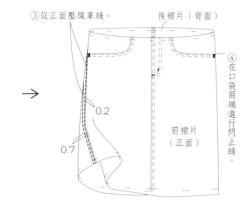

③從正面壓線車縫。

後裙片（背面）

④在口袋兩端進行閂止縫。

前裙片（正面）

0.2

0.7

❾ 車縫下襬

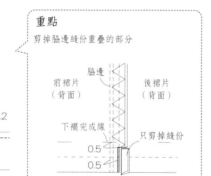

裙片（背面）

0.2

1

1

下襬三摺邊車縫

重點

剪掉脇邊縫份重疊的部分

脇邊

前裙片（背面）　後裙片（背面）

下襬完成線

只剪掉縫份

0.5

0.5

❿ 製作腰帶環

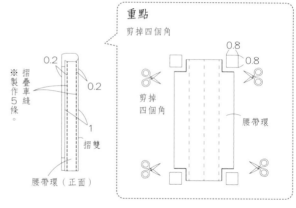

※摺疊製作車縫5條。

0.2

0.2

1

腰帶環（正面）

摺雙

重點

剪掉四個角

0.8

0.8

剪掉四個角

腰帶環

⓫ 製作腰帶

①如下圖摺疊，再以熨斗按壓。

腰帶（正面）

1　1　3.5

②展開褶線，正面相對摺疊，預留鬆緊帶穿入口，其餘車縫。

1

1.2　3　摺雙

腰帶（背面）

③燙開縫份，在鬆緊帶穿入口壓線車縫。

（正面）

0.5　腰帶（背面）

0.5

重疊1cm

車縫固定

裙片（背面）

⓬ 接縫腰帶，穿入鬆緊帶

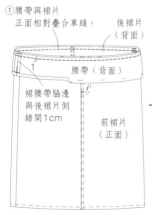

①腰帶與裙片正面相對疊合車縫。

後裙片（背面）

腰帶（正面）

1

裙腰帶脇邊與後裙片側錯開1cm

前裙片（正面）

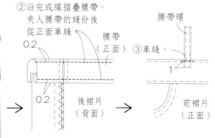

②沿完成線摺疊腰帶，夾入腰帶的縫份後從正面車縫。

0.2

腰帶（正面）

0.2　後裙片（背面）

③車縫。

腰帶環

1

前裙片（正面）

④反摺腰帶環，車縫固定。

0.2　稍微留點鬆份

摺疊1cm　0.7

0.2　前裙片（正面）

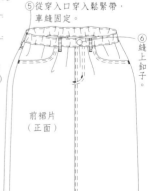

⑤從穿入口穿入鬆緊帶，車縫固定。

⑥縫上釦子。

前裙片（正面）

【縫上腰帶環的位置】

（前）

對齊口袋

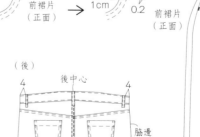

（後）

後中心

4　4

脇邊

內搭褲　photo P.16

完成尺寸（S/M/L/LL）
臀圍 62/66/70/74.5cm
總長 93.5/94.5/96.5/97.5cm

材料（S/M/L/LL）
・高伸縮性羅紋布
　110cm寬×110/110/120/120cm
・2cm寬的鬆緊帶75cm
　（依實際腰圍調整長度）
・1.5cm寬的人字帶7cm

原寸紙型1面【3】
1-前後褲片

適用布料
羅紋布（高伸縮性羅紋布）

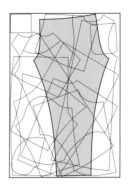

裁布圖
高伸縮性羅紋布

(2.5)

前後褲片
（2片）

摺雙

(1.5)

110 / 110 / 120 / 120

110cm寬

＊由上至下為S/M/L/LL尺寸
＊（　）內的數字為縫份。除指定處之外，縫份皆為1cm。

製作順序
❶參照裁布圖裁剪布料

❺褲腰穿入鬆緊帶

❷車縫股上

❹處理褲腰與下襬

❸車縫股下

❷車縫股上
①左右褲片的褲腰與下襬各自進行Z字形車縫。
②左右褲片正面相對疊合，車縫後股上，倒向左褲片側。
③左右褲片正面相對疊合，預留鬆緊帶穿入口後車縫股上，縫份兩片一起進行Z字形車縫。
④在左褲片的縫份剪牙口，燙開縫份，進行補強車縫。

0.5
0.5　2
1

右褲片（背面）
左褲片（正面）
縫份兩片一起進行Z字形車縫，倒向右褲片側。

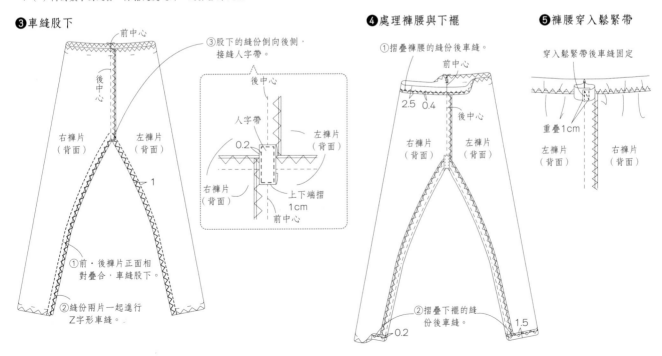

❸車縫股下
前中心
後中心
③股下的縫份倒向後側，接縫人字帶。
右褲片（背面）
左褲片（背面）
1
①前・後褲片正面相對疊合，車縫股下。
②縫份兩片一起進行Z字形車縫。

後中心
人字帶
0.2
左褲片（背面）
右褲片（背面）
上下端摺1cm
前中心

❹處理褲腰與下襬
①摺疊褲腰的縫份後車縫。
前中心
2.5　0.4
後中心
右褲片（背面）
左褲片（背面）
②摺疊下襬的縫份後車縫。
0.2
1.5

❺褲腰穿入鬆緊帶
穿入鬆緊帶後車縫固定
重疊1cm
左褲片（背面）
右褲片（背面）

55

三角袋　photo P.37

材料
參照下圖決定所需尺寸。

完成尺寸
★的長度為袋子的高度，正方形的對角線長則是袋子的寬度。

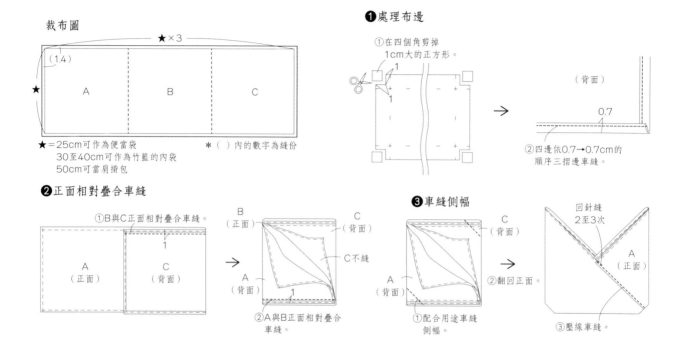

裁布圖

★×3

（1.4）

A　B　C

★=25cm可作為便當袋
　30至40cm可作為竹籃的內袋
　50cm可當肩揹包

＊（）內的數字為縫份

❶處理布邊

①在四個角剪掉1cm大的正方形。

（背面）
0.7

②四邊依0.7→0.7cm的順序三摺邊車縫。

❷正面相對疊合車縫

①B與C正面相對疊合車縫。

A（正面）　C（背面）

B（正面）　C（背面）
C不縫
A（背面）

②A與B正面相對疊合車縫。

❸車縫側幅

C（背面）
A（背面）

①配合用途車縫側幅。
②翻回正面。

回針縫2至3次
A（正面）
③壓線車縫。

隔 熱 手 套　photo P.37

原寸紙型4面【20】
1-外側布・2-內布・3-鋪棉・4-口袋布

完成尺寸
寬約13×高18cm（小）
寬約15×高20cm（大）

材料
・外側布（小）15×20cm／（大）17×22cm
・內布（小）15×20cm／（大）17×22cm
・口袋布（小）15×20cm兩片／（大）17×22cm兩片
・鋪棉（小）15×20cm／（大）17×22cm
・皮繩10cm

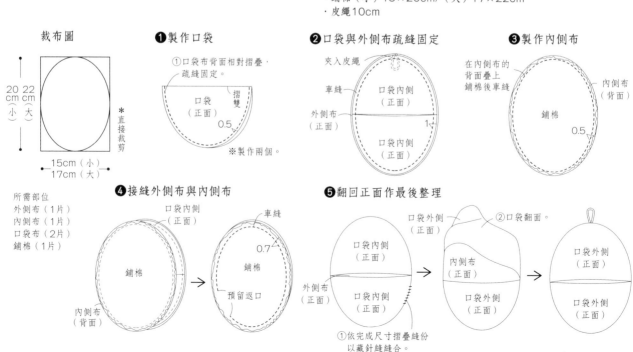

裁布圖

20cm（小）　22cm（大）
15cm（小）　17cm（大）
＊直接裁剪

所需部位
外側布（1片）
內側布（1片）
口袋布（2片）
鋪棉（1片）

❶製作口袋

①口袋布背面相對摺疊，疏縫固定。
口袋（正面）
摺雙
0.5
※製作兩個。

❷口袋與外側布疏縫固定

夾入皮繩
車縫
口袋內側（正面）
外側布（正面）
口袋內側（正面）
1

❸製作內側布

在內側布的背面疊上鋪棉後車縫
內側布（背面）
鋪棉
0.5

❹接縫外側布與內側布

口袋內側（正面）
鋪棉
內側布（背面）

車縫
0.7
鋪棉
預留返口

❺翻回正面作最後整理

口袋內側（正面）
外側布（正面）
口袋內側（正面）

②口袋翻面。
口袋外側（正面）
內側布（正面）
口袋外側（正面）

口袋外側（正面）
口袋外側（正面）

①依完成尺寸摺疊縫份以藏針縫縫合。

開襟連身裙
開襟連身裙（短袖）

photo P.24
photo P.28

完成尺寸
大人款（S/M/L/LL）
　胸圍 119/123/130/133cm
　總長 101/103/106/108cm
兒童款（80/90/100/110/120/130/140）
　胸圍 74/78/82/86/92/98/104cm
　總長 55.5/61.5/66.5/73.5/79.5/85.5cm

材料
大人款（S/M/L/LL）
　・亞麻110cm寬×340/340/350/350cm
　・黏著襯40×40cm
P.28的作品
　・彩色亞麻110cm寬×300/300/310/310cm
　・1cm寬的止伸襯布條70cm

兒童款（80/90/100/110/120/130/140）
　・亞麻×素色（赭金色）×嗶嘰布（fabfabric）
　　110cm寬×200/210/220/230/240/250/260cm
　・1cm寬的止伸襯布條50cm

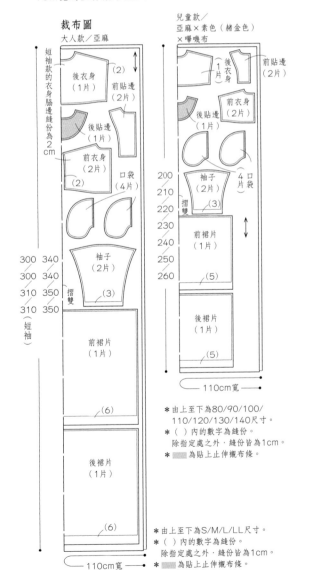

裁布圖

兒童款／
亞麻×素色（赭金色）
×嗶嘰布

大人款／亞麻

＊由上至下為80/90/100/110/120/130/140尺寸。
＊（ ）內的數字為縫份。
　除指定處之外，縫份皆為1cm。
＊▨為貼上止伸襯布條。

＊由上至下為S/M/L/LL尺寸。
＊（ ）內的數字為縫份。
　除指定處之外，縫份皆為1cm。
＊▨為貼上止伸襯布條。

（大人款）
原寸紙型1面
【4】
1-前衣身・2-前貼邊・
3-後衣身・4-後貼邊・
5-袖子・【A】通用口袋
【5】（短袖）
1-前衣身・2-前貼邊・
3-後衣身・4-後貼邊・
【A】通用口袋

（兒童款）
原寸紙型3面【15】
1-前衣身・2-前貼邊・
3-後衣身・4-後貼邊・
5-袖子・【a】通用口袋

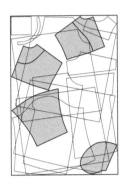

適用布料
亞麻帆布・棉麻帆布・牛津布・絨面呢・薄～中厚羊毛布・
棉斜布・薄丹寧布・燈芯絨

大人款的裙身尺寸　　　★=5/5/5.5/5.5

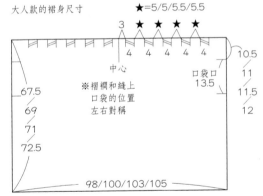

※自左（上）起為S/M/L/LL尺寸

兒童款的裙身尺寸　　☆=2/2/2.5/2.5/2.5/2.5
　　　　　　　　　　★=4/4.5/4.5/4.5/5/5/5.5

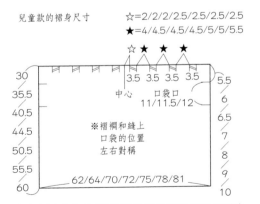

※自左（上）起為80/90/100/110/120/130/140尺寸

57

杜耳曼袖針織棉上衣　photo P.12

完成尺寸（S/M/L/LL）
胸圍　113.5/117.5/121.5/125.5cm
總長　53/54/56/57cm

材料（S/M/L/LL）
・天竺針織布
　160cm寬×100/110/120/130cm
・1cm寬的止伸襯布條60cm

原寸紙型1面【2】
1-前衣身・2-後衣身

適用布料

天竺針織布・刷毛針織布・羅
紋布・提花布

裁布圖

天竺針織布

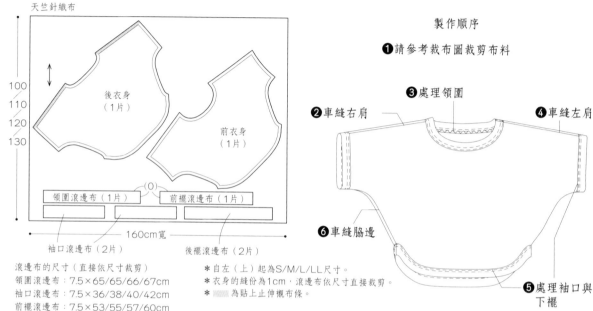

後衣身
（1片）

前衣身
（1片）

100
110
120
130

領圍滾邊布（1片）　　前襬滾邊布（1片）

（0）

160cm寬

袖口滾邊布（2片）　　後襬滾邊布（2片）

滾邊布的尺寸（直接依尺寸剪）
領圍滾邊布：7.5×65/65/66/67cm
袖口滾邊布：7.5×36/38/40/42cm
前襬滾邊布：7.5×53/55/57/60cm
後襬滾邊布：7.5×56/58/60/62cm

＊自左（上）起為S/M/L/LL尺寸。
＊衣身的縫份為1cm，滾邊布依尺寸直接裁剪。
＊▨▨為貼上止伸襯布條。

製作順序

❶請參考裁布圖裁剪布料

❷車縫右肩　❸處理領圍　❹車縫左肩

❻車縫脇邊

❺處理袖口與
　下襬

❷車縫右肩

①在後衣身肩部的縫份貼上止伸襯布條。

②前・後衣身正面相對疊合，
　車縫右肩。

前衣身（正面）

③縫份兩片一起
　進行Z字形車縫，
　倒向後衣身側。

後衣身
（背面）

❸處理領圍

①領圍滾邊布的單側
　進行Z字形車縫。

一邊拉滾邊布一邊縫合

領圍滾邊布
（背面）

前衣身
（正面）

後衣身
（正面）

②Z字形車縫的那一側朝外，
　將滾邊布與衣身正面相對疊合車縫。

③滾邊布向上翻，
　依完成尺寸摺疊。

3.5

領圍滾邊布
（正面）

3

衣身
（背面）

④從正面車縫。

領圍滾邊布
（正面）

0.5　0.2

衣身
（正面）

❹車縫左肩

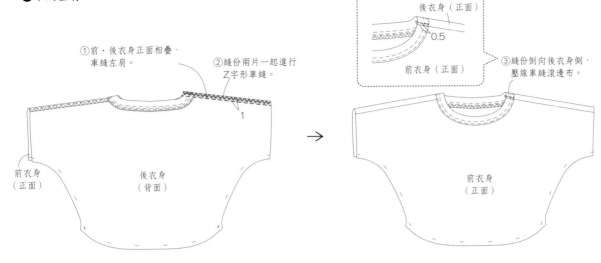

①前‧後衣身正面相疊，
車縫左肩。

②縫份兩片一起進行
Z字形車縫。

後衣身（正面）

0.5

前衣身（正面）

③縫份倒向後衣身側，
壓線車縫滾邊布。

1

前衣身
（正面）

後衣身
（背面）

前衣身
（正面）

❺處理袖口與下襬

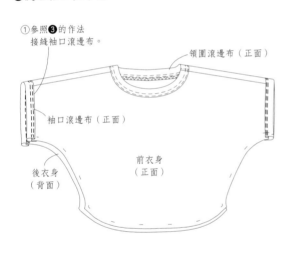

①參照❸的作法
接縫袖口滾邊布。

領圍滾邊布（正面）

袖口滾邊布（正面）

後衣身
（背面）

前衣身
（正面）

前衣身
（正面）

②前襬滾邊布的單側
進行Z字形車縫。

前襬滾邊布
（正面）

③Z字形車縫的那一側朝外，
將滾邊布與衣身正面相對疊合車縫。

前衣身
（正面）

前襬滾邊布
（正面）

0.2 0.5 3

④比照領圍滾邊布的作法，
將前襬滾邊布向上翻摺，從正面車縫。

※後襬滾邊布依相同作法縫上。

❻車縫脇邊

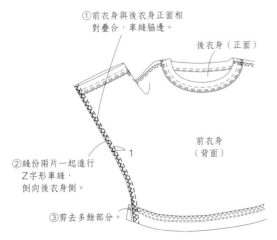

①前衣身與後衣身正面相
對疊合，車縫脇邊。

後衣身（正面）

前衣身
（背面）

②縫份兩片一起進行
Z字形車縫，
倒向後衣身側。

1

③剪去多餘部分。

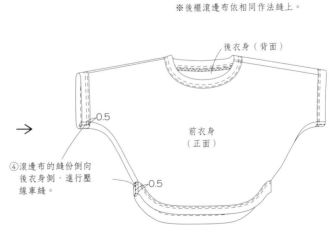

後衣身（背面）

0.5

前衣身
（正面）

④滾邊布的縫份倒向
後衣身側，進行壓
線車縫。

0.5

比翼式門襟短衫　　photo P.14

完成尺寸（S/M/L/LL）
胸圍 95/99/103/107cm
總長 61.5/62.5/64.5/65.5cm

材料（S/M/L/LL）
・Original Half Linen 直條紋（CHECK&STRIPE）
　110cm寬×170/170/180/180cm
・直徑1.5cm的釦子5個
・黏著襯90×70cm

原寸紙型3面【14】
1-前衣身・2-後衣身・
3-後剪接

適用布料
中厚亞麻・棉麻布・絨面呢・
床單布

裁布圖
Original Half Linen 直條紋

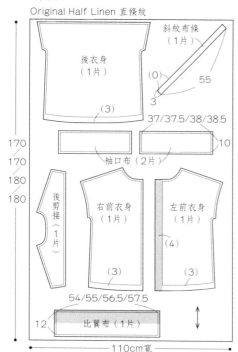

斜紋布條
（1片）
（0）
55
3
（3）
37/37.5/38/38.5

後衣身
（1片）

袖口布（2片）
10

170
170
180
180

後剪接（1片）

右前衣身（1片）
（3）

左前衣身（1片）
（4）
（3）

54/55/56.5/57.5
12
比翼布（1片）

110cm寬

＊自左（上）起為S/M/L/LL尺寸。
＊衣身的縫份為1cm，滾邊布依尺寸直接裁剪。
＊▨▨▨為貼上黏著襯。

製作順序
❶請參考裁布圖裁剪布料
❷車縫後衣身與後剪接
❸車縫肩線與脇線
❹車縫左前端，處理下襬
❺處理領圍
❻製作比翼式門襟
❼接縫袖口布
❽縫上釦子

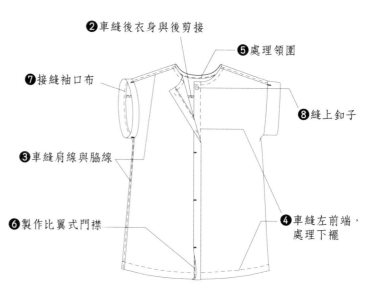

❷車縫後衣身與後剪接
①後衣身與後剪接正面相對疊合車縫。
②縫份兩片一起進行Z字形車縫。
③縫份倒向後剪接側，從正面壓線車縫。

1　後剪接（背面）
後衣身（正面）

→

後剪接（背面）
0.5
後衣身（正面）

❸ 車縫肩線與脇線

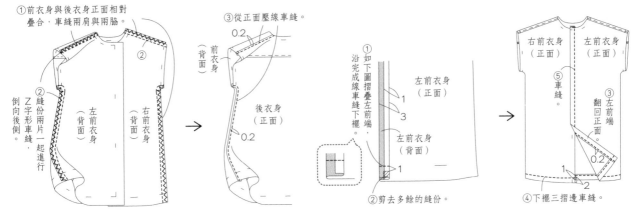

①前衣身與後衣身正面相對疊合，車縫兩肩與兩脇。

②縫份兩片一起進行Z字形車縫，倒向後側。

③從正面壓線車縫。

0.2

前衣身（背面）

後衣身（正面）

左前衣身（背面）

右前衣身（背面）

0.2

❹ 車縫左前端，處理下襬

①如下圖摺疊左前端，沿完成線車縫下襬。

左前衣身（正面）

左前衣身（背面）

②剪去多餘的縫份。

右前衣身（正面）

左前衣身（正面）

⑤車縫。

③左前端翻回正面。

0.2

④下襬三摺邊車縫。

❺ 處理領圍

②衣身與斜紋布條正面相對疊合車縫。

③剪掉縫份。

多出1cm

①摺疊。0.3

斜紋布條（背面）

後衣身（背面）

右前衣身（正面）

左前衣身（正面）

④斜紋布條翻回正面車縫（參照P.45的❸）。

背面

摺疊1cm

❻ 製作比翼式門襟

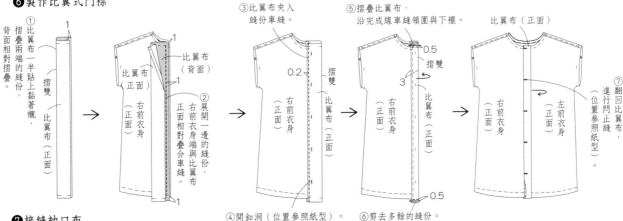

①比翼布一半貼上黏著襯，背面相對摺疊的縫份。

摺雙

比翼布（正面）

②展開一邊的縫份，右前衣身端與比翼布正面相對疊合車縫。

比翼布（背面）

比翼布（正面）

右前衣身（正面）

③比翼布夾入縫份車縫。

0.2

右前衣身（正面）

比翼布（正面）

摺雙

④開釦洞（位置參照紙型）。

⑤摺疊比翼布，沿完成線車縫領圍與下襬。

0.5

摺雙

3

右前衣身（正面）

比翼布（正面）

0.5

⑥剪去多餘的縫份。

比翼布（正面）

右前衣身（正面）

左前衣身（正面）

⑦翻回比翼布，進行門止縫（位置參照紙型）。

❼ 接縫袖口布

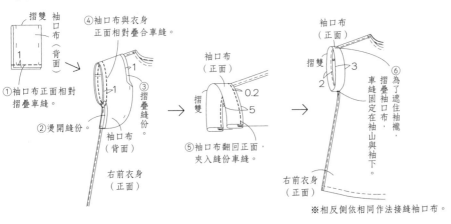

摺雙

袖口布（背面）

①袖口布正面相對摺疊車縫。

②燙開縫份。

④袖口布與衣身正面相對疊合車縫。

③摺疊縫份。

袖口布（背面）

右前衣身（正面）

袖口布（正面）

摺雙

0.2

5

⑤袖口布翻回正面，夾入縫份車縫。

袖口布（正面）

摺雙

3

2

⑥為了遮住袖襱，摺疊袖口布，車縫固定在袖山與袖下。

右前衣身（正面）

※相反側依相同作法接縫袖口布。

❽ 縫上釦子

右前衣身（正面）

左前衣身（正面）

在左前衣身縫上釦子

鬆緊帶式休閒連身裙　photo P.16

完成尺寸（S/M/L/LL）
胸圍 118/122/126/130cm
總長 99.5/100.5/102.5/103cm

材料（通用）
・棉紗刷毛織布110cm寬×220cm
・直條紋棉布50×50cm
・黏著襯90×30cm
・直徑2cm的釦子1個
・0.5cm寬的鬆緊帶75cm（依實際腰圍調整長度）

原寸紙型4面【17】
1-前衣身・2-續前衣身・
3-前貼邊・4-後衣身・
5-續後衣身・6-後貼邊

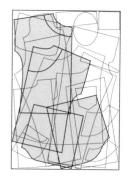

適用布料
天竺針織布・刷毛針織布・
蘿紋布・提花布

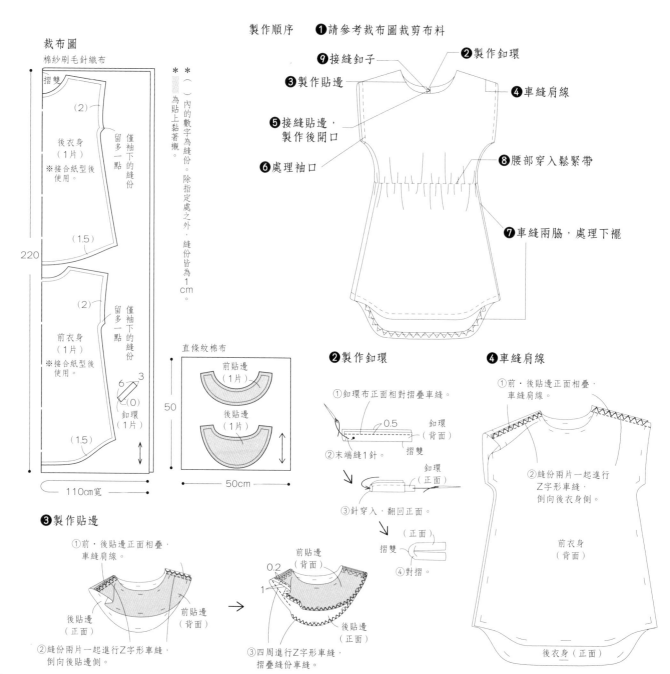

裁布圖

棉紗刷毛針織布

＊（ ）內的數字為縫份。除指定處之外，縫份皆為1cm。
＊　　　　為貼上黏著襯。

摺雙
後衣身（1片）※接合紙型後使用。
（2）
僅袖下的縫份留多一點
前衣身（1片）※接合紙型後使用。
（1.5）
（2）
僅袖下的縫份留多一點
（1.5）
220
6　3
（0）
釦環
110cm寬

直條紋棉布
前貼邊（1片）
後貼邊（1片）
50
50cm

製作順序　❶請參考裁布圖裁剪布料

❷製作釦環
❸製作貼邊
❹車縫肩線
❺接縫貼邊，製作後開口
❻處理袖口
❼車縫兩脇，處理下襬
❽腰部穿入鬆緊帶
❾接縫釦子

❷製作釦環
①釦環布正面相對摺疊車縫。
0.5
釦環（背面）
摺雙
②末端縫1針。
釦環（正面）
③針穿入，翻回正面。
（正面）
摺雙
④對摺。

❹車縫肩線
①前・後貼邊正面相疊，車縫肩線。
②縫份兩片一起進行Z字形車縫，倒向後衣身側。
前衣身（背面）
後衣身（正面）

❸製作貼邊
①前・後貼邊正面相疊，車縫肩線。
後貼邊（正面）
前貼邊（背面）
②縫份兩片一起進行Z字形車縫，倒向後貼邊側。
0.2
1
前貼邊（背面）
後貼邊（正面）
③四周進行Z字形車縫，摺疊縫份車縫。

❺接縫貼邊，製作後開口

①衣身與貼邊正面相對疊合，
　夾入鈕環，車縫領圍與後開口。

③在領圍的縫份剪牙口，
　並剪去三角形部分。

④貼邊翻回正面，
　縫份倒向貼邊側，
　壓線車縫。

②在開口止點剪牙口。
　（前端剪成Y字形）

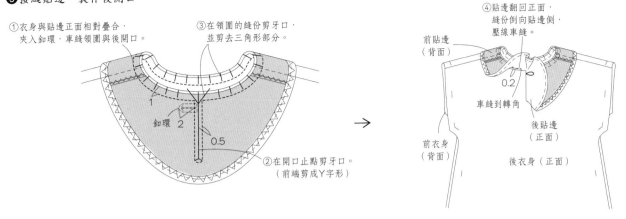

前貼邊（背面）
0.2
車縫到轉角
後貼邊（正面）
前衣身（背面）
後衣身（正面）
鈕環 1 2 0.5

❻處理袖口

①袖口進行Z字形車縫。
③以藏針縫縫合肩部的縫份與貼邊。
②沿完成線摺疊袖口的縫份。

前衣身（正面）
前貼邊（正面）
後貼邊（正面）
0.2
後衣身（背面）

❼車縫兩脇，處理下襬

①前·後衣身正面相對疊合，車縫兩脇。
②剪去袖下多餘的縫份。
③縫份兩片一起進行Z字形車縫。
④縫份倒向後衣身側，車縫固定袖下的縫份。
⑤下襬進行Z字形車縫，摺疊縫份後車縫。

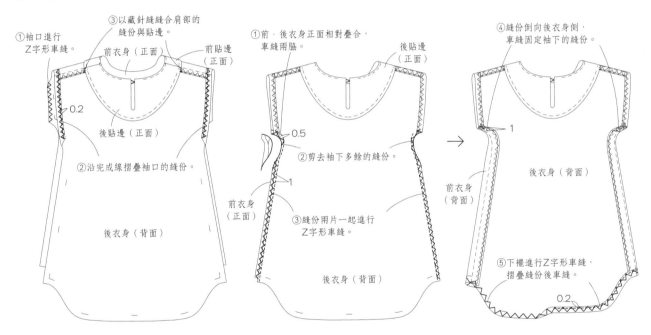

後貼邊（正面）
0.5
前衣身（正面）
1
後衣身（背面）
1
前衣身（背面）
後衣身（背面）
0.2

❽腰部穿入鬆緊帶

①衣身與鬆緊帶各自分成8等分，作上記號，兩相對齊後以珠針固定。
②一邊拉鬆緊帶一邊車縫。

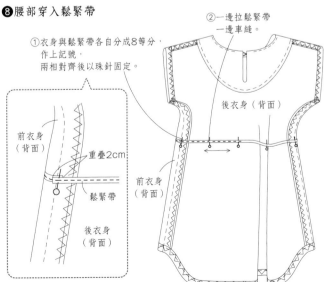

前衣身（背面）
重疊2cm
鬆緊帶
後衣身（背面）
前衣身（背面）
後衣身（背面）

❾接縫鈕子

①在後衣身縫上鈕子。
②開口止點車縫裝飾線。

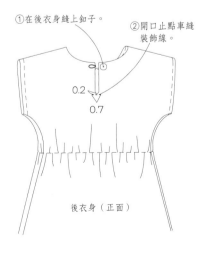

0.2
0.7
後衣身（正面）

長裙
過膝裙　　photo P.18

完成尺寸
大人款（S/M/L/LL）
　裙長 82/83/85/86cm
兒童款（90/100/110/120/130）
　裙長 29/32/36/40/44/48/52cm

材料
大人款（S/M/L/LL）
・比利時亞麻130cm寬×220/220/230/230cm
・2cm寬的鬆緊帶75cm（依實際腰圍調整長度）
・黏著襯110cm寬×10cm
・1cm寬的止伸襯布條70cm
兒童款（80/90/100/110/120/130/140）
・亞麻橫條紋 原色（亞麻屋）
　130cm寬×100/100/110/110/120/120/220cm
・1.5cm寬的鬆緊帶50cm（依實際腰圍調整長度）
・黏著襯90cm×10cm
・1cm寬的止伸襯布條70cm
・直徑2cm的釦子1個

（大人款）
原寸紙型1面【A】
通用口袋
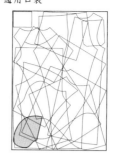

（兒童款）
原寸紙型3面【a】
通用口袋
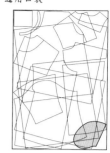

適用布料
細麻布・印度泡泡紗・提花布・薄羅紋布・薄帆布・薄床單布

製作順序
❶請參考裁布圖裁剪布料

❹製作腰帶
❺接縫腰帶
❼裙腰穿入鬆緊帶
❸縫製口袋
❷車縫脇線
❻處理下襬

大人款

兒童款

※除❼之外的作法皆參照大人款，
尺寸請參照括號內的數字。

裁布圖
大人款／比利時亞麻

摺雙
前裙片
（1片）
59/61/63/65
86
87
89
90

後裙片
（1片）
※尺寸同前裙片。
220
220
230
230

口袋
（4片）

8 腰帶（1片）
48/50/52/54

130cm寬

兒童款／亞麻橫條紋
※將橫條紋當成直條紋使用。

摺雙
前裙片
（1片）

後裙片
（1片）
※尺寸同前裙片。

腰帶（1片）
130cm寬

口袋
（4片）

100/100/110/120/120/130/220

兒童款的裙子尺寸
73/77/81/85/93/101/109
28/35/42/49/55/61/67

兒童款的腰帶尺寸
54/58/62/66/72/78/84
6

＊由左（上）起為
大人款S/M/L/LL尺寸，
兒童款80/90/100/110/120/130/140尺寸。
＊口袋的縫份為1cm，其餘依指定尺寸裁剪。
＊▨▨▨為貼上止伸襯布條、黏著襯。

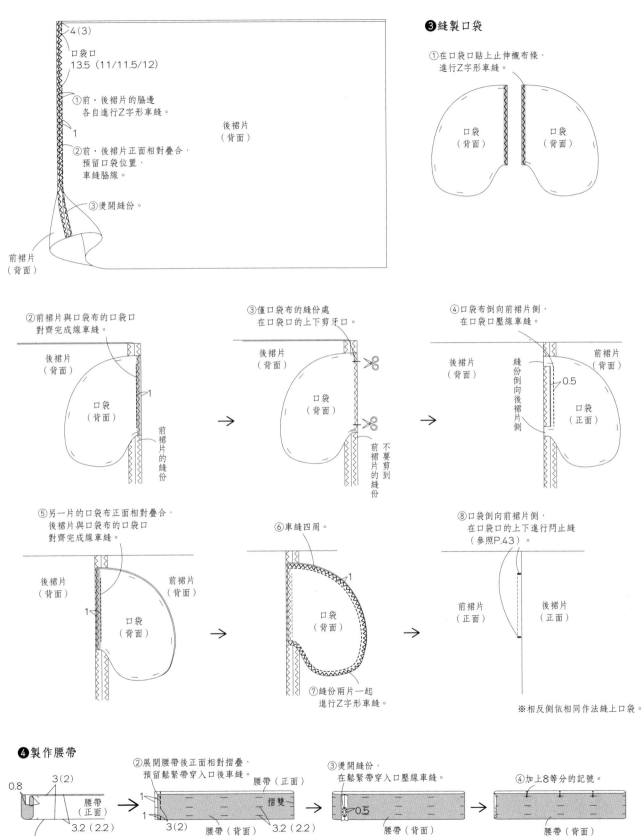

❷車縫脇線

❸縫製口袋

❹製作腰帶

❺接縫腰帶

①加上8等分的記號。

②在裙腰車縫
兩道粗針目縫線。

1.2　0.7

口袋
（背面）

後裙片
（背面）

前裙片
（背面）

③對齊8等分的記號固定，在裙片抽細褶。

腰帶（背面）

前裙片
（正面）

→

④車縫腰帶與裙片，拆掉粗針目縫線。

腰帶（背面）

前裙片
（正面）

→

⑤依完成尺寸摺疊腰帶，
夾入腰帶的縫份，
從正面進行落機縫。

前裙片
（正面）

3.2（2.2）

3
（2）

腰帶（正面）

裙片
（背面）

❻處理下襬

裙片（背面）

下襬
三摺邊車縫

0.2

1

5（4）

❼裙腰穿入鬆緊帶

穿入鬆緊帶後
將穿入口縫固定

重疊1cm

裙片
（背面）

※僅兒童款。

2.5

縫上釦子

前裙片
（正面）

將布料筆直剪開的重點

薄的細麻布、床單布等，以手就能筆直撕開。
織目較密的布雖可整齊撕開，但有時因布的厚度及布紋粗細，會出現綻線的狀況，請多注意。
一開始可先在布的一角試試看。

布邊

①在距縫份約1cm的外側
剪個小切口。

布
（背面）

②以手往左右撕裂。

布
（背面）

→

③以熨斗將撕開的邊燙平。

布
（背面）

④線端剪掉約1cm。

布邊

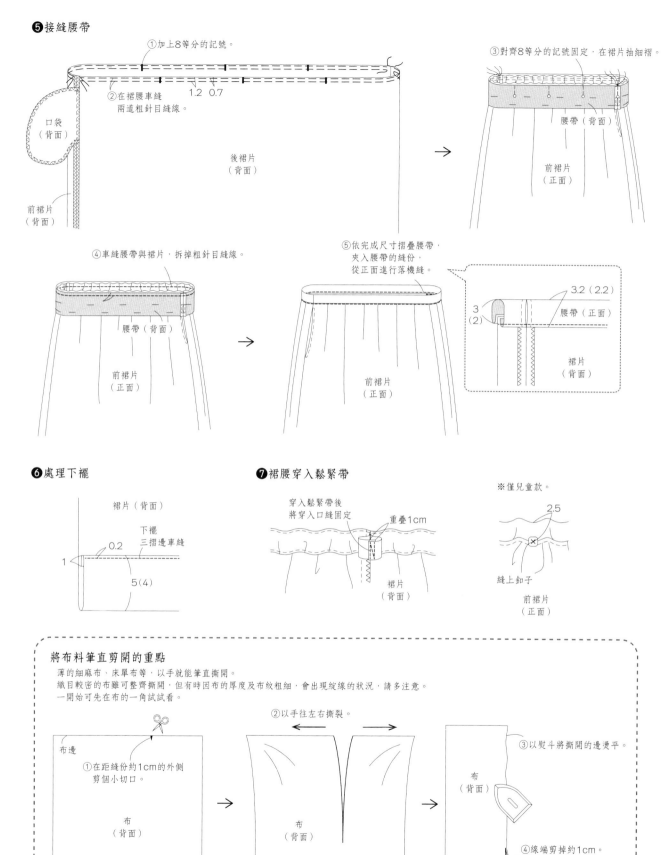

寬鬆罩衫　photo P.20・P.33

完成尺寸

大人款（S/M/L/LL）
　胸圍 158/160/164/166cm
　總長 54/55/57/58cm
兒童款（80/90/100/110/120/130/140）
　胸圍 76/88/98/110/120/130/140cm
　總長 30/33/36/39/42/45/48cm

材料

大人款（S/M/L/LL）
・亞麻粗棉布 淺藍（亞麻屋）
　150cm寬×130/130/140/140cm
兒童款（80/90/100/110/120/130/140）
・針織布
　150cm寬×75/80/85/90/95/100/110cm
・素色棉布40×40cm
・直徑1cm的釦子1個
・黏著襯10×20cm

原寸紙型2面

【9】大人款
1-領圍・2-袖子
【10】兒童款
1-領圍・2-袖子・3-貼邊

適用布料

薄〜中厚的亞麻・棉亞麻布・
薄〜中厚羊毛布・刷毛針織布・
提花針織布・天竺針織布

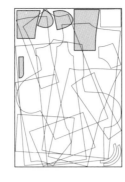

P.33的作品
大人款（S/M/L/LL）
・橫條紋亞麻羊毛布
　150cm寬×130/130/140/140cm

製作順序

❶請參考裁布圖裁剪布料

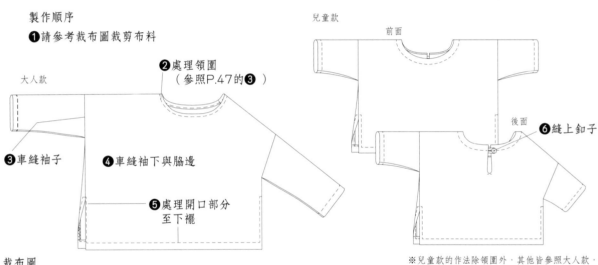

大人款

❷處理領圍
（參照P.47的❸）

❸車縫袖子

❹車縫袖下與脇邊

❺處理開口部分
　至下襬

兒童款
前面
後面
❻縫上釦子

※兒童款的作法除領圍外，其他皆參照大人款，
尺寸則參照括號內的數字。

裁布圖

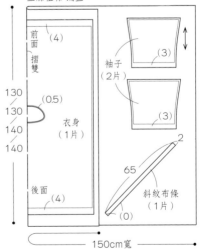

大人款／
亞麻粗棉 淺藍

前面
摺雙（4）
袖子
（2片）　（3）
（3）
（0.5）
130
130
140
140
衣身
（1片）
後面（4）
2
65
（0）
斜紋布條
（1片）
150cm寬

※衣身的尺寸參照P.68。

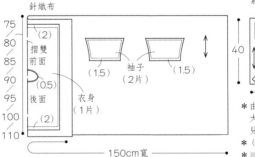

兒童款／
針織布

75
80
85
90
95
100
110

摺雙
前面
（2）
（0.5）
後面
（2）
衣身
（1片）

（1.5）　袖子
（2片）　（1.5）

150cm寬

素色棉布
貼邊（1片）
斜紋布條（1片）
2×40/45/45/45
50/50/50
40
1.8
（0）
7
釦環
（1片）
40cm

＊由左（上）起為
大人款S/M/L/LL尺寸，
兒童款80/90/100/110/120/130/140尺寸。
＊（ ）內的數字為縫份。除指定處之外，縫份皆為1cm。
＊▨▨為貼上黏著襯。

整齊貼上黏著襯的重點

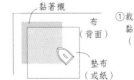

黏著襯
布
（背面）
墊布
（或紙）

①裁剪比紙型稍大的
黏著襯，隔著墊布
（或紙）燙貼在布上。

②放上紙型
並剪下。
布
（背面）

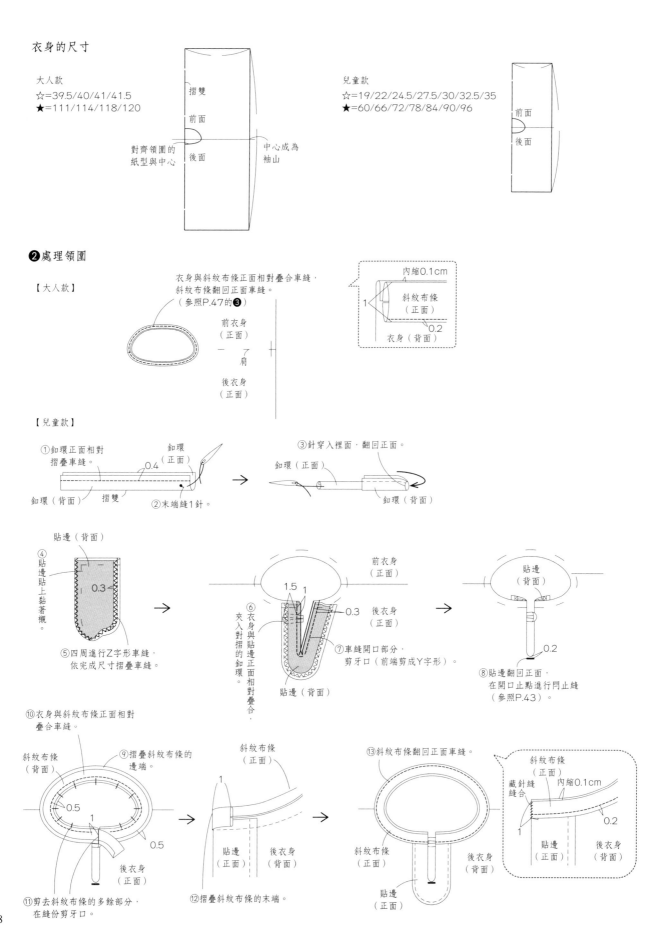

衣身的尺寸

大人款
☆＝39.5/40/41/41.5
★＝111/114/118/120

摺雙

前面

後面

對齊領圍的
紙型與中心

中心成為
袖山

兒童款
☆＝19/22/24.5/27.5/30/32.5/35
★＝60/66/72/78/84/90/96

前面

後面

❷處理領圍

【大人款】

衣身與斜紋布條正面相對疊合車縫，
斜紋布條翻回正面車縫。
（參照P.47的❸）

內縮0.1cm

斜紋布條
（正面）

0.2

衣身（背面）

1

前衣身
（正面）

肩

後衣身
（正面）

【兒童款】

①鈕環正面相對
摺疊車縫。

鈕環
（正面）

0.4

鈕環（背面） 摺雙

②末端縫1針。

③針穿入裡面，翻回正面。

鈕環（正面）

鈕環（背面）

④貼邊貼上黏著襯。

貼邊（背面）

0.3

⑤四周進行Z字形車縫，
依完成尺寸摺疊車縫。

前衣身
（正面）

⑥衣身與貼邊正面相對疊合，
夾入對摺的鈕環。

1.5 1

0.3

後衣身
（正面）

⑦車縫開口部分，
剪牙口（前端剪成Y字形）。

貼邊（背面）

貼邊
（背面）

0.2

⑧貼邊翻回正面，
在開口止點進行閂止縫
（參照P.43）。

⑩衣身與斜紋布條正面相對
疊合車縫。

斜紋布條
（背面）

⑨摺疊斜紋布條的
邊端。

0.5

1

0.5

後衣身
（正面）

⑪剪去斜紋布條的多餘部分，
在縫份剪牙口。

斜紋布條
（正面）

1

貼邊
（正面）

後衣身
（背面）

⑫摺疊斜紋布條的末端。

⑬斜紋布條翻回正面車縫。

斜紋布條
（正面）

貼邊
（正面）

後衣身
（背面）

斜紋布條
（正面）

藏針縫
縫合

內縮0.1cm

0.2

1

貼邊
（正面）

後衣身
（背面）

❸車縫袖子

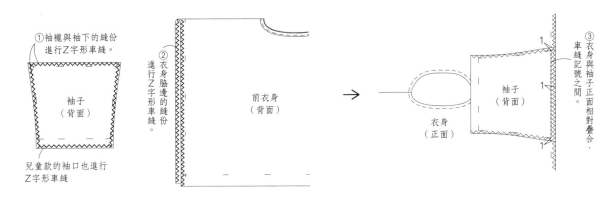

①袖襱與袖下的縫份進行Z字形車縫。

②衣身脇邊的縫份進行Z字形車縫。

兒童款的袖口也進行Z字形車縫

袖子（背面）

前衣身（背面）

③衣身與袖子正面相對疊合，車縫記號之間。

衣身（正面）

袖子（背面）

❹車縫袖下與脇邊

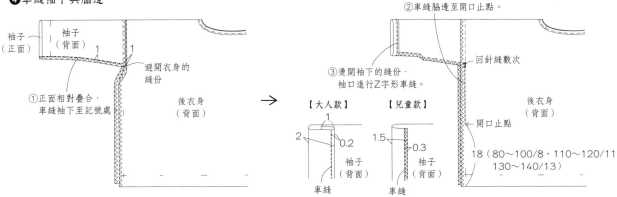

袖子（正面）

袖子（背面）

避開衣身的縫份

①正面相對疊合，車縫袖下至記號處

後衣身（背面）

②車縫脇邊至開口止點。

③燙開袖下的縫份，袖口進行Z字形車縫。

回針縫數次

開口止點

【大人款】 2 0.2 袖子（背面） 車縫

【兒童款】 1.5 0.3 袖子（背面） 車縫

18（80〜100/8・110〜120/11 130〜140/13）

❺處理開口部分至下襬

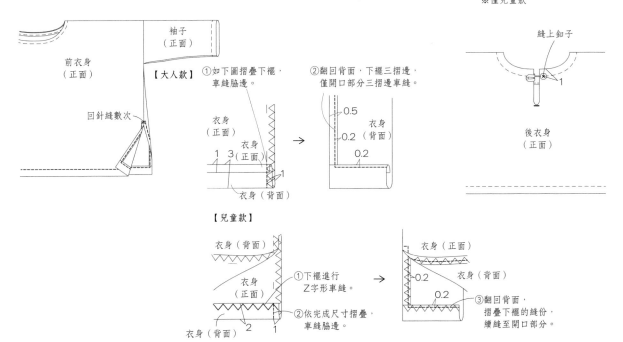

前衣身（正面）

袖子（正面）

【大人款】

回針縫數次

①如下圖摺疊下襬，車縫脇邊。

衣身（正面）

衣身（正面）

1 3

衣身（背面）

②翻回背面，下襬三摺邊，僅開口部分三摺邊車縫。

0.5 0.2

衣身（背面）

0.2

【兒童款】

衣身（背面）

衣身（正面）

①下襬進行Z字形車縫。

②依完成尺寸摺疊，車縫脇邊。

衣身（背面）

衣身（正面）

衣身（背面）

0.2

0.2

③翻回背面，摺疊下襬的縫份，續縫至開口部分。

❻縫上釦子

※僅兒童款

縫上釦子

1

後衣身（正面）

船 形 領 針 織 衫　*photo P.22*

完成尺寸（S/M/L/LL）
胸圍 101/104/109/113cm
總長 58/59/61/62cm

材料（S/M/L/LL）
・橫條紋天竺布
　75cm寬×210/220/230/230cm

原寸紙型2面【11】
1-前衣身・2-後衣身・
3-袖子

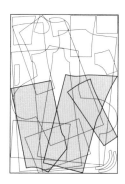

適用布料
刷毛針織布・天竺針織布・
提花針織布

裁布圖

天竺針織布

前衣身
（1片）

（2.5）

在脇下對齊橫條圖案

後衣身
（1片）

（2.5）

210
220
230
230

袖子
（2片）

（2）

（2）

75cm寬

＊＊（　）內的數字為縫份。
＊由上至下為S／M／L／LL尺寸。
除指定處之外，其餘皆為1.5cm。

製作順序

❶ 請參考裁布圖裁剪布料

❷ 各部位進行Z字形車縫

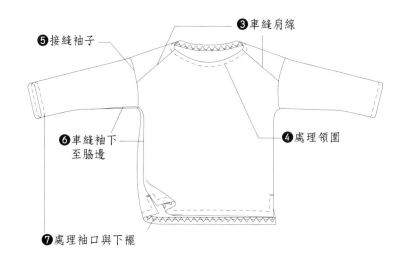

❸ 車縫肩線
❺ 接縫袖子
❹ 處理領圍
❻ 車縫袖下
　至脇邊
❼ 處理袖口與下襬

❷ 各部位進行Z字形車縫

〈前衣身〉

在領圍、兩肩、下襬進行Z字形車縫

前衣身
（背面）

〈後衣身〉

在領圍至兩肩、下襬進行Z字形車縫

後衣身
（背面）

〈袖子〉

袖子
（正面）

在袖口進行Z字形車縫

❸車縫肩線

①前・後衣身正面相對疊合，車縫肩線。

後衣身
（背面）

1.5

確實進行
回針縫

領圍車縫至
完成線

②燙開縫份。

前衣身
（背面）

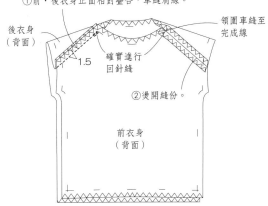

❹處理領圍

摺疊領圍的縫份進行車縫

後衣身
（背面）

0.3　1.5

前衣身
（背面）

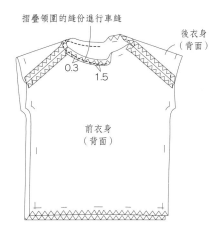

❺接縫袖子

①袖子與衣身正面相對疊合車縫。

袖子
（背面）

1.5

②縫份兩片一起進行Z字形車縫，倒向袖側。

袖下的縫份
不車縫

前衣身
（背面）

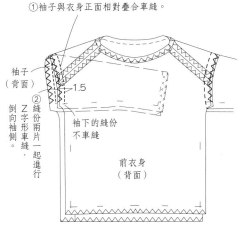

❻車縫袖下至脇邊

②在袖下至脇邊，
前・後各自進行Z字形車縫。

袖子
（背面）　1.5

前衣身
（背面）

①剪去多餘的縫份。

③前衣身與後衣身正面相對疊合，
車縫袖下至開口止點。

開口止點

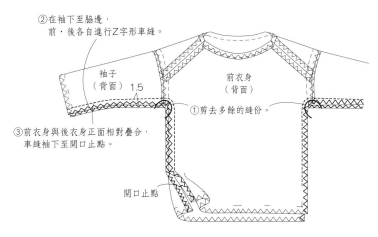

❼處理袖口與下襬

前衣身
（背面）

①依完成尺寸摺疊袖口的縫份。

車縫　2

袖子
（背面）　0.5

燙開縫份

②處理下襬。

衣身
（正面）

車縫　2.5

1.5

翻回正面→

前衣身
（背面）

後衣身
（背面）

自開口部分
車縫至下襬

0.5

前衣身
（正面）

開口止點
進行2至3次回針縫

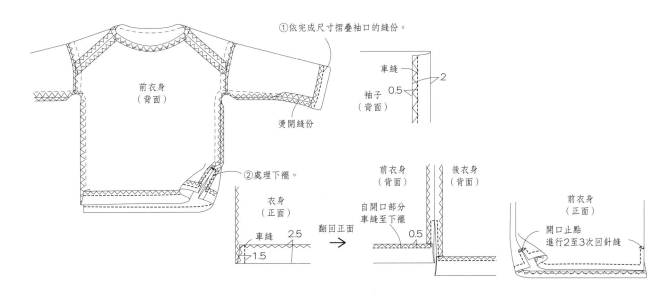

褶襉設計法國袖罩衫　photo P.26

完成尺寸（S/M/L/LL）
胸圍 142/146/150/158cm
總長 64/64.5/65/65.5cm

材料（S/M/L/LL）
・棉質提花布110cm寬×180cm
※縫製 L／LL尺寸時，使用寬度150cm以上的布，
　或是將長寬倒過來使用。
・直徑1.5cm的釦子1個
・黏著襯90cm×25cm

原寸紙型4面【18】
1-前衣身・2-前貼邊・
3-後衣身・4-後貼邊

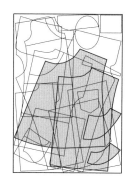

適用布料
細麻布・印度泡泡紗・
薄帆布・薄羅紋布

裁布圖

棉質提花布

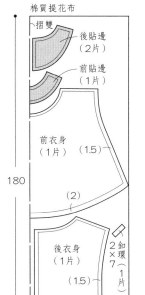

摺雙
後貼邊
（2片）
前貼邊
（1片）
前衣身
（1片）　（1.5）
（2）
180
後衣身
（1片）
釦環（1片）
2×7
（1.5）
（1.5）
（2）
110cm寬

＊（　）內的數字為縫份。除指定處之外，
　縫份皆為1cm。
＊▨▨ 為貼上黏著襯。

製作順序

❶請參考裁布圖裁剪布料

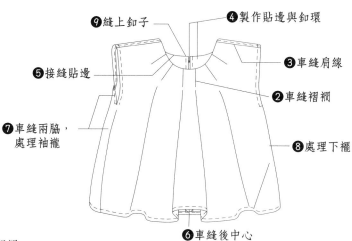

❾縫上釦子
❹製作貼邊與釦環
❺接縫貼邊
❸車縫肩線
❷車縫褶襉
❼車縫兩脇，
　處理袖襱
❽處理下襬
❻車縫後中心

❷車縫褶襉

摺出褶襉車縫

前衣身
（背面）
2

右後衣身
（背面）

左後衣身
（背面）
2

自表側車縫熨燙前中心的褶襉

前衣身
（正面）
前中心
背面相對疊合車縫

❸車縫肩線

後衣身
（背面）
②縫份兩片一起進行
　Z字形車縫，
　倒向後衣身側。
1
①正面相對疊合車縫。
前衣身
（背面）

③從正面壓線車縫。
0.2
後衣身
（正面）
前衣身
（背面）

❹製作貼邊與釦環

【貼邊】
①前貼邊與後貼邊正面相
　對疊合，車縫肩線。

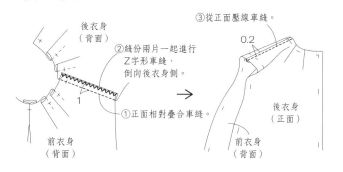

後貼邊
（背面）
1
②燙開
　縫份。
前貼邊
（背面）
1
後貼邊
（正面）
③邊端的縫份進行
　Z字形車縫。

【釦環】
①正面相對摺疊
　車縫。
7
0.5
摺雙
釦環布（背面）
↓
②翻回正面，
　整理形狀。
（正面）

❺接縫貼邊

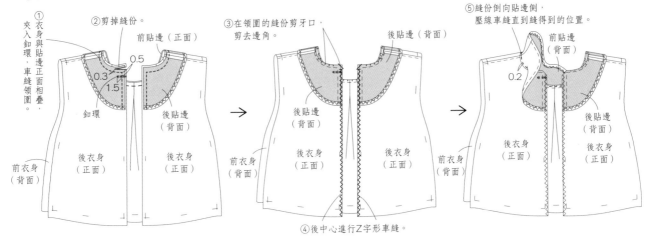

①衣身與貼邊正面相疊，夾入釦環，車縫領圍。

②剪掉縫份。

0.5
0.3
1.5

釦環

前貼邊（正面）

後貼邊（背面）

前衣身（背面）

後衣身（正面）

後衣身（正面）

③在領圍的縫份剪牙口，剪去邊角。

後貼邊（背面）

後貼邊（背面）

前衣身（背面）

後衣身（正面）

後衣身（正面）

④後中心進行Z字形車縫。

⑤縫份倒向貼邊側，壓線車縫直到縫得到的位置。

前貼邊（背面）

0.2

後貼邊（背面）

前衣身（正面）

後衣身（正面）

後衣身（正面）

❻車縫後中心

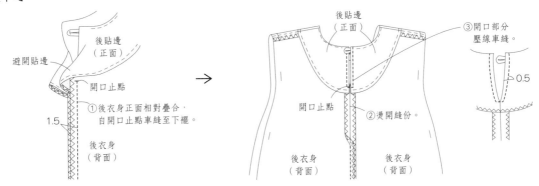

避開貼邊

後貼邊（正面）

開口止點

①後衣身正面相對疊合，自開口止點車縫至下襬。

1.5

後衣身（背面）

後貼邊（正面）

開口止點

②燙開縫份。

後衣身（背面）

後衣身（背面）

③開口部分壓線車縫。

0.5

❼車縫兩脇，處理袖襱

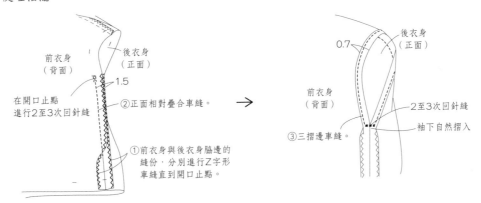

前衣身（背面）

後衣身（正面）

在開口止點進行2至3次回針縫

1.5

②正面相對疊合車縫。

①前衣身與後衣身脇邊的縫份，分別進行Z字形車縫直到開口止點。

0.7

後衣身（正面）

前衣身（背面）

2至3次回針縫

袖下自然摺入

③三摺邊車縫。

❽處理下襬

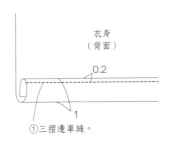

衣身（背面）

0.2

1

①三摺邊車縫。

❾縫上釦子

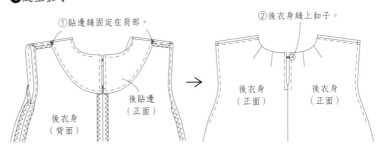

①貼邊縫固定在肩部。

後衣身（背面）

後貼邊（正面）

②後衣身縫上釦子。

後衣身（正面）

後衣身（正面）

打褶褲   photo P.26

完成尺寸（S/M/L/LL）
褲長 85.5/89/90.5/91.5cm

材料（通用）
・亞麻棉 10號帆布原色（亞麻屋）
　110cm寬×270cm
・2cm寬的鬆緊帶75cm（隨實際腰圍調整長度）
・直徑1.5cm寬的釦子3個
・1cm寬的止伸襯布條30cm

原寸紙型4面【19】
1-前褲片・2-後剪接・
3-後褲片・4-後口袋向布・
5-前口袋布

適用布料

絲光卡其布・
typewriter cloth・
薄～中厚棉布・
棉麻帆布・亞麻布

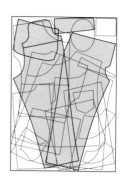

裁布圖

亞麻棉10號帆布 原色

＊＊由上至下為S／M／L／LL尺寸。
＊（ ）內的數字為縫份。
＊除指定處之外，縫份皆為1cm。
＊左右前褲片無前貼邊。
░ 為貼上止伸襯布條。

270

110cm寬

前口袋布（2片）
後口袋向布（2片）
後剪接（2片）
前褲片（2片）左－右（9）
摺雙
後褲片（2片）（9）

6×83.5／88／93.5／99.5 褲腰帶（1片）
4×7（5條）腰帶環（0）
3.2×7（2條）釦環（0）

製作順序
❶請參考裁布圖裁剪布料
❷製作釦環與腰帶環
❸接縫後口袋向布
❺車縫兩脇與股上
❼處理下襬

❾穿入鬆緊帶，縫上釦子（參照P.66的❻）
❽接縫褲腰帶
❹接縫前口袋
❻車縫股下（參照P.55的❸）
❿摺出褲中線

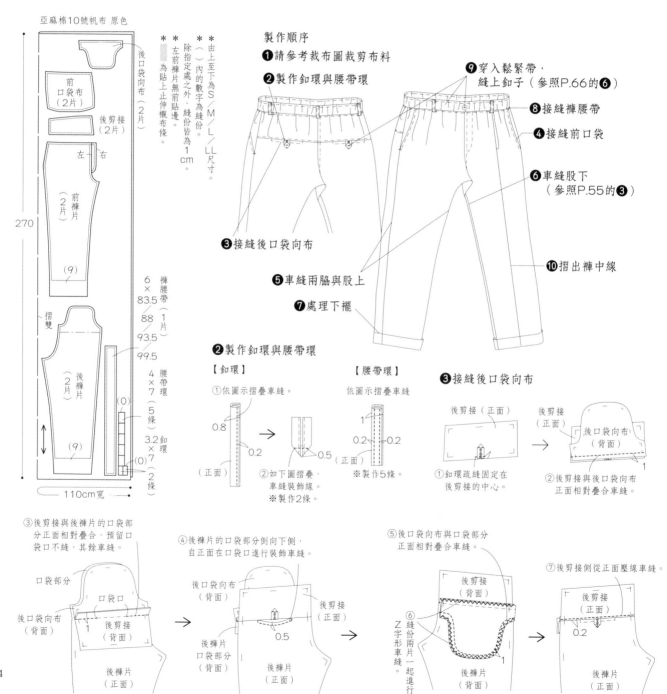

❷製作釦環與腰帶環

【釦環】
①依圖示摺疊車縫。

0.8
0.2
（正面）

②如下圖摺疊，車縫裝飾線。
※製作2條。
0.5
（正面）

【腰帶環】
依圖示摺疊車縫
1
0.2　0.2
（正面）
※製作5條。

❸接縫後口袋向布

後剪接（正面）
①釦環疏縫固定在後剪接的中心。

後剪接（正面）
後口袋向布（背面）
②後剪接與後口袋向布正面相對疊合車縫。

③後剪接與後褲片的口袋部分正面相對疊合，預留口袋口不縫，其餘車縫。

口袋部分
口袋口
後口袋向布（背面）
1
後剪接（背面）
後褲片口袋部分（背面）

④後褲片的口袋部分倒向下側，自正面在口袋口進行裝飾車縫。

後口袋向布（背面）
後剪接（正面）
0.5
後褲片口袋部分（背面）

⑤後口袋向布與口袋部分正面相對疊合車縫。

後剪接（背面）
⑥縫份兩片一起進行Z字形車縫。
1
後褲片（背面）

⑦後剪接側從正面壓線車縫。

後剪接（正面）
0.2
後褲片（正面）

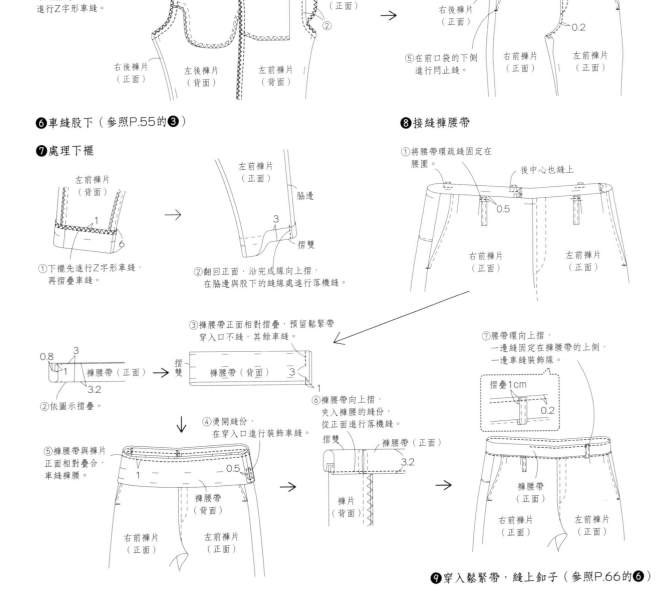

❹接縫前口袋

①車縫褶襇。
②在前褲片的口袋口貼上止伸襯布條。
③前褲片與前口袋布正面相對疊合車縫。
前口袋布（正面）
前褲片（背面）

④前口袋布翻回正面，進行裝飾車縫。
前口袋布（正面）
疏縫固定
摺雙
0.2
在縫份剪牙口
⑥褲腰與脇邊疏縫固定。
⑤前口袋布正面相對摺疊，車縫底部，縫份兩片一起進行Z字形車縫。
前口袋布（背面）
前褲片（背面）

❺車縫兩脇與股上

①前後褲片正面相對疊合，車縫脇邊，縫份兩片一起進行Z字形車縫。
②左右褲片正面相對疊合，車縫脇邊，縫份兩片一起進行Z字形車縫。
前貼邊
右前褲片（正面）
右後褲片（正面）
左後褲片（背面）
左前褲片（背面）

③縫份倒向左褲片側，壓線車縫。
④持出倒向左褲片側，壓線車縫。
右後褲片（正面）
⑤在前口袋的下側進行閂止縫。
0.2
右前褲片（正面）
左前褲片（正面）

❻車縫股下（參照P.55的❸）

❼處理下襬

左前褲片（背面）
①下襬先進行Z字形車縫，再摺疊車縫。

左前褲片（正面）
脇邊
摺雙
②翻回正面，沿完成線向上摺，在脇邊與股下的縫線處進行落機縫。

❽接縫褲腰帶

①將腰帶環疏縫固定在腰圍。
後中心也縫上
0.5
右前褲片（正面）
左前褲片（正面）

③褲腰帶正面相對摺疊，預留鬆緊帶穿入口不縫，其餘車縫。
0.8
3
1
3.2
摺雙
褲腰帶（正面）
褲腰帶（背面）
②依圖示摺疊。
④燙開縫份，在穿入口進行裝飾車縫。

⑤褲腰帶與褲片正面相對疊合，車縫褲腰。
1
0.5
褲腰帶（背面）
右前褲片（正面）
左前褲片（正面）

⑥褲腰帶向上摺，夾入褲腰的縫份，從正面進行落機縫。
摺雙
褲腰帶（正面）
3.2
褲片（背面）

⑦腰帶環向上摺，一邊縫固定在褲腰帶的上側，一邊車縫裝飾線。
摺疊1cm
0.2
褲腰帶（正面）
右前褲片（正面）
左前褲片（正面）

❾穿入鬆緊帶，縫上釦子（參照P.66的❻）

75

披肩風背心   photo P.30

完成尺寸
大人款（free size）
　總長約54cm
兒童款（80至100/110至120/130至140）
　總長約33/39/47cm

材料
大人款
　‧亞麻巴厘紗水洗布 木炭色（布もよう）
　160cm寬×180cm
兒童款（80至100/110至120/130至140）
　‧亞麻巴厘紗水洗布 玫瑰色（布もよう）
　160cm寬×100/130/150cm

裁布圖

大人款／亞麻巴厘紗水洗布
木炭色

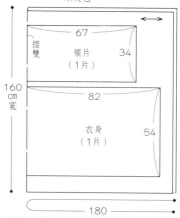

* Free Size
* 直接依指定尺寸裁剪。

兒童款／亞麻巴厘紗水洗布
玫瑰色

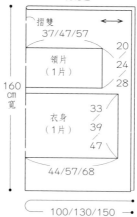

* 由左（上）起為
　80至90/100至110/120至130尺寸。
* 直接依指定尺寸裁剪。
* 作法同大人款，尺寸參照括號內的數字。

製作順序

❶請參考裁布圖
　裁剪布料

❷縫合領片與衣身

❸處理縫份

❹抽掉四周織線成鬚狀

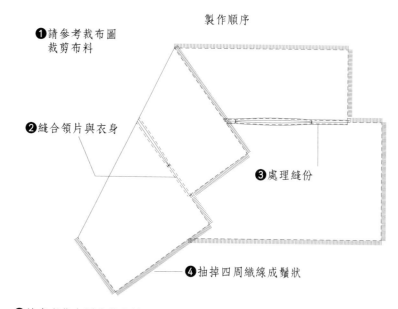

❶請參考裁布圖裁剪布料
　筆直裁布的重點參見P.66

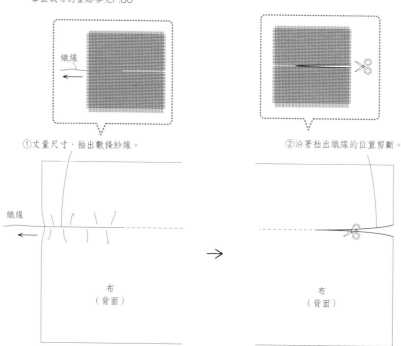

①丈量尺寸，抽出數條紗線。

②沿著抽出織線的位置剪斷。

❷ 縫合領片與衣身

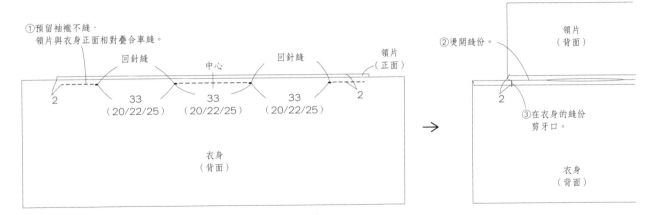

① 預留袖襱不縫，
　領片與衣身正面相對疊合車縫。

回針縫　　　中心　　　回針縫　　　領片
　　　　　　　　　　　　　　　　　　（正面）

2　　33　　　33　　　33　　　2
　（20/22/25）（20/22/25）（20/22/25）

衣身
（背面）

② 燙開縫份。

領片
（背面）

2

③ 在衣身的縫份
　剪牙口。

衣身
（背面）

❸ 處理縫份

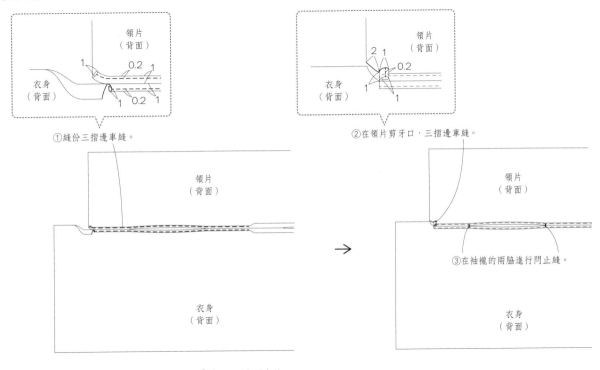

領片
（背面）

1　　0.2　1

衣身
（背面）

1　0.2　1

① 縫份三摺邊車縫。

2　1

領片
（背面）

衣身
（背面）

0.2

1

② 在領片剪牙口，三摺邊車縫。

領片
（背面）

衣身
（背面）

領片
（背面）

③ 在袖襱的兩脇進行閂止縫。

衣身
（背面）

❹ 抽掉四周織線成鬚狀

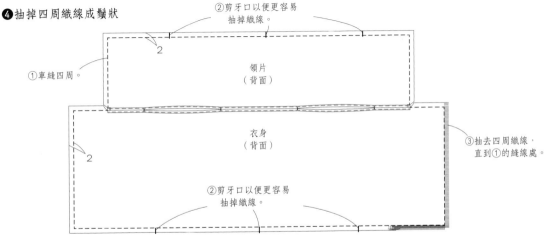

② 剪牙口以便更容易
　抽掉織線。

① 車縫四周。

2

領片
（背面）

衣身
（背面）

2

③ 抽去四周織線，
　直到①的縫線處。

② 剪牙口以便更容易
　抽掉織線。

寬褲 　photo P.30・P.35

完成尺寸（S/M/L/LL）
臀圍 138/142/146/151cm
總長 76.5/77/78/78.5cm

材料（S/M/L/LL）
・PREMIER LINEN 棉麻青年布 米白（中商事）
　150cm寬×180/185/190/200cm
・2cm寬的鬆緊帶75cm（依實際腰圍調整長度）
・黏著襯10×35cm

P.35的作品
材料（S/M/L/LL）
・Original Linen Twill 木莓色（CHECK&STRIPE）
　150cm寬×180/180/200/200cm
・2cm寬的鬆緊帶65cm（依實際腰圍調整長度）
・黏著襯10×35cm

原寸紙型1面【6】

1-前褲片・2-後褲片・3-口袋

適用布料
中厚亞麻・斜紋棉布・
薄丹寧布・絲光卡其布

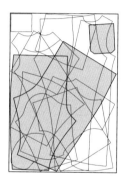

製作順序

❶請參考裁布圖裁剪布料

裁布圖
PREMIER LINEN
棉麻水洗布 米白

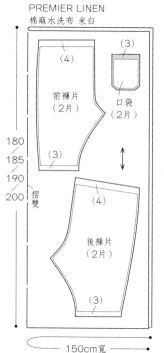

（4）
前褲片
（2片）
（3）

（3）
口袋
（2片）

180
185
190
200

摺雙

（4）

後褲片
（2片）

（3）

150cm寬

＊＊＊
由左（上）起為S／M／L／LL尺寸。
（　）內的數字為縫份。除指定處之外，縫份皆為1cm。

為貼上黏著襯。

❷製作口袋

❸車縫脇邊，接縫口袋

❼穿入鬆緊帶（參照P.66的❻）

❻處理下襬與褲腰

❹車縫股上

❺車縫股下

❷製作口袋

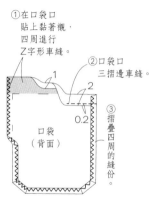

①在口袋口貼上黏著襯，四周進行Z字形車縫。

②口袋口三摺邊車縫。

1

2

0.2

口袋
（背面）

③摺疊四周的縫份。

※製作2個。

❸車縫脇邊，接縫口袋

①右前・右後褲片正面相對疊合車縫。

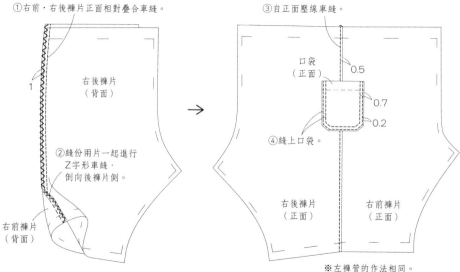

1

右後褲片
（背面）

②縫份兩片一起進行Z字形車縫，倒向後褲片側。

右前褲片
（背面）

→

③自正面壓線車縫。

口袋
（正面）

0.5

0.7

0.2

④縫上口袋。

右後褲片
（正面）

右前褲片
（正面）

※左褲管的作法相同。

❹車縫股上

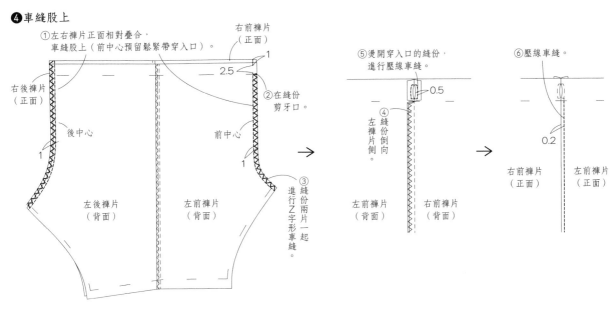

①左右褲片正面相對疊合，車縫股上（前中心預留鬆緊帶穿入口）。

右前褲片（正面）

右後褲片（正面）

後中心

1

1

左後褲片（背面）

②在縫份剪牙口。

前中心

1

左前褲片（背面）

③縫份兩片一起進行Z字形車縫。

1

2.5

⑤燙開穿入口的縫份，進行壓線車縫。

④縫份倒向左褲片側。

0.5

左前褲片（背面）

右前褲片（背面）

⑥壓線車縫。

0.2

右前褲片（正面）

左前褲片（正面）

❺車縫股下

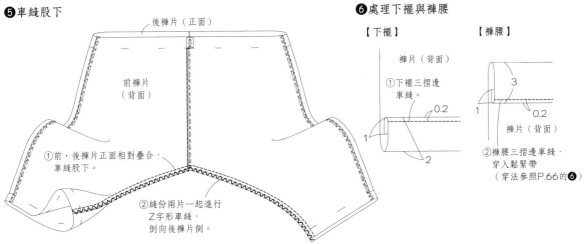

後褲片（正面）

前褲片（背面）

①前‧後褲片正面相對疊合，車縫股下。

②縫份兩片一起進行Z字形車縫，倒向後褲片側。

❻處理下襬與褲腰

【下襬】

褲片（背面）

①下襬三摺邊車縫。

0.2

1

2

【褲腰】

3

1

0.2

褲片（背面）

②褲腰三摺邊車縫，穿入鬆緊帶（穿法參照P.66的❻）

平織與斜織

平織主要有絨面呢、帆布、細麻布、提花布等，斜織則有丹寧布、棉斜布、嗶嘰布等。
事先了解織法的特性，對於作品要使用什麼布料會有很大的幫助。

〈平織〉
由經線與緯線交織而成，無正反面之分。

有伸展性，垂墜性低。

〈斜織〉
織目呈斜向，有正反面之分。
通常「｜字形」為正面，較反面有光澤感。
但反面也可當正面使用。

柔軟，垂墜性高，容易起皺。

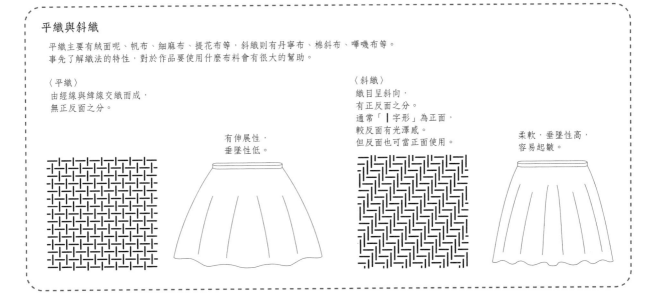

國家圖書館出版品預行編目(CIP)資料

自然風女子的日常手作衣著 / 美濃羽まゆみ著；
瞿中蓮譯. -- 初版. – 新北市：雅書堂文化, 2016.02
　　面；　公分. -- (Sewing縫紉家; 16)

　　ISBN 978-986-302-298-5 (平裝)
　　1.縫紉 2.衣飾

426.3　　　　　　　　　　　　105001219

🔲Sewing 縫紉家 16

自然風女子的日常手作衣著

作　　者／美濃羽まゆみ
譯　　者／瞿中蓮
發 行 人／詹慶和
總 編 輯／蔡麗玲
執行編輯／劉蕙寧
編　　輯／蔡毓玲・黃璟安・陳姿伶・白宜平・李佳穎
封面設計／陳麗娜
美術編輯／周盈汝・翟秀美・韓欣恬
內頁排版／造極
出 版 者／雅書堂文化事業有限公司
發 行 者／雅書堂文化事業有限公司
郵撥帳號／18225950　戶名：雅書堂文化事業有限公司
地　　址／新北市板橋區板新路206號3樓
電　　話／(02)8952-4078
傳　　真／(02)8952-4084
網　　址／www.elegantbooks.com.tw
電子郵件／elegant.books@msa.hinet.net

2016年02月初版一刷　定價380元

MAINICHI KITAI TEZUKURIFUKU（NV80465）
Copyright © MAYUMI MINOWA / NIHON VOGUE-SHA 2015
All rights reserved.
Photographer: Yukari Shirai
Original Japanese edition published in Japan by Nihon Vogue Co., Ltd.
Traditional Chinese translation rights arranged with Nihon Vogue Co., Ltd.
through Keio Cultural Enterprise Co., Ltd.
Traditional Chinese edition copyright © 2016 by Elegant Books Cultural
Enterprise Co., Ltd.

總經銷／朝日文化事業有限公司
進退貨地址／新北市中和區橋安街15巷1號7樓
電話／（02）2249-7714　　傳真／（02）2249-8715

FU-KO basics.
美濃羽まゆみ

因為長女出生而開始製作童裝，自2008年起於網路及
活動展場販售。現有一兒一女，住在京都有90年屋齡的
町家，為人氣部落客。
著有《作ってあげたい、女の子のお洋服》（日本
VOGUE社出版）。
Shop　http://www.fu-ko-handmade.com/
Blog　http://fukohm.exblog.jp/
本書作品的穿搭會隨時登在網站上，請勿錯過。

◎Staff
裝幀設計　林瑞穗
攝影　　　白井由香里
妝髮　　　そのこ・八木良子
作法解說　鈴木愛子
紙型製作　セリオ有限公司
編輯協力　石井章子・伊藤はるか・草竹美穗子・
　　　　　佐藤理惠・茶野聰子・西村麻木子・蓮池留美
編輯　　　浦崎朋子

Heart Warming Life Series

FU-KO basics.

SEWING 縫紉家 06

輕鬆學會機縫基本功
栗田佐穗子◎監修
定價：380 元

細節精細的衣服與小物，是如何製作出來的呢？一切都看縫紉機是否運用純熟！書中除了基本的手縫法，也介紹部分縫與能讓成品更加美觀精緻的車縫方法，並運用各種技巧製作實用的布小物與衣服，是手作新手與熟手都不能錯過的縫紉參考書！

SEWING 縫紉家 05

手作達人縫紉筆記
手作服這樣作就對了
月居良子◎著　定價：380 元

從書紙型與裁布的基礎功夫，到實際縫紉技巧，書中皆以詳盡彩圖呈現；各種在縫紉時會遇到的眉眉角角、不同的衣服部位作法，也有清楚的插圖表示。大師的縫紉祕技整理成簡單又美觀的作法，只要依照解說就可以順利完成手作服！

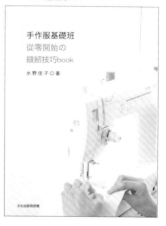

SEWING 縫紉家 04

手作服基礎班
從零開始的縫紉技巧 book
水野佳子◎著　定價：380 元

書中詳細介紹了裁縫必需的基本縫紉方法，並以圖片進行解說，只要一步步跟著作，就可以完成漂亮又細緻的手作服！從整燙的方法開始、各種布料的特性、手縫與機縫的作法，不錯過任何細節，即使是從零開始的初學者也能作出充滿自信的作品！

縫紉家

完美手作服の
必看參考書籍

SEWING 縫紉家 03

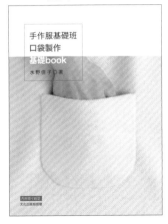

手作服基礎班
口袋製作基礎 book
水野佳子◎著　定價：320 元

口袋，除了原本的盛裝物品的用途
外，同樣也是衣服的設計重點之
一！除了基本款與變化款的口袋，
簡單的款式只要再加上拉鍊、滾
邊、袋蓋、褶子，或者形狀稍微變
化一下，就馬上有了不同的風貌！
只要多花點心思，就能讓手作服擁
有自己的味道喔！

SEWING 縫紉家 02

手作服基礎班
畫紙型＆裁布技巧 book
水野佳子◎著　定價：350 元

是否常看到手作書中的原寸紙型不
知該如何利用呢？該如何才能把紙
型線條畫得流暢自然呢？而裁剪布
料也有好多學問不可不知！本書鉅
細靡遺的介紹畫紙型與裁布的基礎
課程，讓製作手作服的前置作業更
完美！

SEWING 縫紉家 01

全圖解 裁縫聖經
晉升完美裁縫師必學基本功
Boutique-sha ◎著　定價：1200 元

它就是一本縫紉的百科全書！從學習量
身開始，循序漸進介紹製圖、排列紙型
及各種服裝細節製作方式。清楚淺顯的
列出各種基本工具、製圖符號、身體部
位簡稱、打版製圖規則，讓新手的縫紉
基礎可以穩紮穩打！而衣服的領子、袖
子、口袋、腰部、下襬都有好多種不一
樣的設計，要怎麼車縫表現才完美，已
有手作經驗的老手看這本就對了！